# Grundprinzipien des maschinellen Lernens

Gero Szepannek

# Grundprinzipien des maschinellen Lernens

## verständlich erklärt – mit Fallstudien in R

Springer Spektrum

Gero Szepannek
Hochschule Stralsund
Stralsund, Deutschland

ISBN 978-3-662-73199-4 ISBN 978-3-662-73200-7 (eBook)
https://doi.org/10.1007/978-3-662-73200-7

Die Deutsche Nationalbibliothek verzeichnet diese Publikation in der Deutschen Nationalbibliografie; detaillierte bibliografische Daten sind im Internet über https://portal.dnb.de abrufbar.



Planung/Lektorat: Anna Sippel
Springer Spektrum ist ein Imprint der eingetragenen Gesellschaft Springer-Verlag GmbH, DE und ist ein Teil von Springer Nature.
Die Anschrift der Gesellschaft ist: Heidelberger Platz 3, 14197 Berlin, Germany

# Vorwort

Dieses Buch ist im Rahmen einer Lehrveranstaltung an der Hochschule Stralsund entstanden. Die Arbeit mit dem Buch soll Lesenden ein Grundverständnis von maschinellem Lernen (ML) vermitteln. Anders als in vielen anderen Lehrmaterialien stehen jedoch nicht einzelne Verfahren und deren Anwendung im Vordergrund. Vielmehr geht es darum, ein Verständnis von den zentralen Ideen und Konzepten zu vermitteln, die zur Entwicklung der populären Verfahren des ML geführt haben. Dadurch sollen Lesende in die Lage versetzt werden, die Stärken und Schwächen des Einsatzes von ML im jeweiligen Anwendungskontext einzuschätzen. Darüber hinaus können aber auch zukünftige Entwicklungen und Trends im Bereich ML nachvollzogen und bewertet werden. Dabei werden nebenher bekannte konkrete Verfahren des maschinellen Lernens wie Entscheidungsbäume, neuronale Netze oder K-Means-Clusteranalyse vermittelt, die sich als

▶ **Beispiele** der behandelten Konzepte ergeben und durch graue Balken gekennzeichnet sind.

Am Ende jedes Kapitels wird deren praktische Anwendung anhand einer Fallstudie in der Programmiersprache R demonstriert.

```
# Der zugehörige R Code ist durch hellgraue Boxen hervorgehoben.
```

Um die Arbeit mit weiterer Fachliteratur aus dem Feld des maschinellen Lernens zu erleichtern, findet sich am Ende des Buchs ein Sachverzeichnis der verwendeten Fachbegriffe zum einfachen Nachschlagen. Im Text sind diese *kursiv* gedruckt.

Das Buch richtet sich explizit auch an Leser und Leserinnen ohne tiefe mathematische Vorbildung, die Bereitschaft zur Auseinandersetzung mit mathematischer Notation sowie Grundwissen bezüglich Wahrscheinlichkeitsrechnung (eine kurze, aber ausreichende Einführung findet sich in Luebke & Vogt, 2014, Kap. 4) werden allerdings vorausgesetzt. Zusätzlich gibt es ergänzende praktische Übungen in der Programmiersprache R. Für die Bearbeitung der Übungsaufgaben werden Grundkenntnisse in R benötigt. Eine Einführung bieten Douglas et al. (2024) – einen schnellen Einstieg findet man in Torfs und Brauer (2014). Die Daten zur Bearbeitung der Übungsaufgaben sind im GitHub Repository https://github.com/g-rho/GdMLdata verfügbar.

Ein riesiges Dankeschön geht an Jörg Horst, Karsten Lübke, Anne Warkus und Anna Sippel für ihre hilfreichen Tipps und Anmerkungen zur Verbesserung des Manuskripts sowie an meine Tochter Cara für die Illustrationen in Kap. 4 und meinen Vater Günter für seine Unterstützung beim Aufspüren des Fehlerteufels.
Viel Vergnügen bei der Lektüre!

Stralsund
Oktober 2025

Gero Szepannek

**Competing Interests** Der/die Autor*in hat keine relevanten Interessenskonflikte im Zusammenhang mit dieser Publikation.

# Inhaltsverzeichnis

# 1 Einleitung

**Begriffliche Abgrenzung**

Künstliche Intelligenz hält zunehmend Einzug in unser gesellschaftliches Leben. Bereits jetzt ist sie aus vielen alltäglichen Anwendungen nicht mehr wegzudenken, wie z. B. im Spamfilter unseres E-Mail-Programms, im Sprachassistenten unseres Smartphones, bei der Echtzeit-Routenplanung unseres Navigationssystems oder beim Treffen von Kreditentscheidungen.

Künstliche Intelligenz ist aktuell ein Modebegriff in den Medien. Die Verwendung des Begriffs ist dabei nicht einheitlich. Oft wird unter künstlicher Intelligenz eine automatisierte, computerbasierte Anwendung als Ganzes – inklusive eventuell erforderlicher Sensoren zur Erfassung von Daten sowie ggf. der Ansteuerung von Maschinen oder der Ausgabe von Ergebnissen in einer bestimmten Form (z. B. Text oder Bilder) – verstanden. Im Vergleich dazu bezeichnet maschinelles Lernen diejenigen Algorithmen, die es einem Computer ermöglichen, anhand von vorhandenen Daten selbstständig Regeln bzw. Muster zu lernen.

In der traditionellen Statistik steht meist die Analyse von Daten zum Zweck der Beschreibung oder des Nachweises von Zusammenhängen im Vordergrund. Im Gegensatz dazu liegt der Fokus im maschinellen Lernen auf der Genauigkeit, mit der Vorhersagen, Entscheidungen oder Zuordnungen getroffen werden können, und das Verständnis der Zusammenhänge durch den Anwender ist zunächst sekundär (Breiman, 2001b; Shmueli, 2010). Nachdem die Problemstellung durch die Person definiert worden ist, die für die Modellierung verantwortlich ist („Was sind die beobachteten Eingabe-und Ausgabegrößen?") sucht (oder auch „lernt") der Computer anhand eines vorab festgelegten Algorithmus selbstständig Zusammenhänge in den Daten und ermittelt das bestmögliche Modell bezüglich eines vorab spezifizierten Gütekriteriums. Hierbei muss jedoch darauf geachtet werden, ein reines „Auswendiglernen" der Daten zu verhindern.



G. Szepannek, *Grundprinzipien des maschinellen Lernens*,
https://doi.org/10.1007/978-3-662-73200-7_1

Oft ist es das Ziel, Vorhersagen zu treffen, und man spricht von überwachtem Lernen. Je nach Datentyp der vorherzusagenden Größe unterscheidet man weiter in Regressions- und Klassifikationsprobleme. Liegt keine vorherzusagende Größe vor, spricht man von unüberwachtem Lernen. Die nachstehenden Kapitel geben eine kurze Einführung in Grundprinzipien, die sich hinter maschinellem Lernen verbergen.

Nachfolgend werden exemplarisch drei Fallstudien eingeführt, die typische Fragestellungen aus dem maschinellen Lernen darstellen. Anhand dieser Beispiele wird im Verlauf der weiteren Kapitel die praktische Umsetzung der behandelten Prinzipien gezeigt. Die Beispiele enthalten dabei jeweils R-Code und ermöglichen es, die Inhalte selbst direkt auszuprobieren. Gleichzeitig dienen sie als Hilfestellung zur Bearbeitung für die am Ende jedes Kapitels angegebenen Übungsaufgaben. Alle drei Fallstudien verwenden dabei strukturierte Daten in tabellarischer Form. Hierbei bilden die Zeilen die Beobachtungen und die Spalten die erhobenen Größen (Variablen). Es sei darauf hingewiesen, dass die im Buch beschriebenen Grundprinzipien nicht auf strukturierte Daten beschränkt sind, sondern genauso auch für maschinelles Lernen bei unstrukturierten Daten, wie z. B. Texten, Bildern oder Audiosignalen gelten.

**Fallstudie 1: Vorhersage von Immobilienpreisen**
Die erste Problemstellung beinhaltet die Vorhersage von Immobilienpreisen in der Stadt Boston. Es handelt sich um einen frei verfügbaren Datensatz, der auf Harrison und Rubinfeld (1978) zurückgeht und im R-Paket `mlbench` (Leisch & Dimitriadou, 2024) verfügbar ist. Die Daten enthalten mittlere Hauspreise (Median, in Tausend US$, Variable `medv`) für 506 Volkszählungsbezirke (Zeilen) in Boston sowie weitere Informationen, wie z. B. die durchschnittliche Raumanzahl pro Wohnung (Variable `rm`) oder die Kriminalitätsrate (Variable `crim`). Die Funktion `head()` vermittelt einen Eindruck von den verfügbaren Daten sowie deren Ausprägungen anhand der ersten sechs Beobachtungen des Datensatzes.

```
# Einbinden der Bibliothek, die die Daten enthält.
library(mlbench)


# Bibliotheken zur Visualisierung der Verteilung der Daten.
library(ggplot2)
library(GGally)


# Einbinden der Daten.
data(BostonHousing2)

# Darstellung des Tabellenkopfes.
head(BostonHousing2)
```

```
        town tract      lon     lat medv cmedv    crim zn indus
1     Nahant  2011 -70.9550 42.2550 24.0  24.0 0.00632 18  2.31
2 Swampscott  2021 -70.9500 42.2875 21.6  21.6 0.02731  0  7.07
3 Swampscott  2022 -70.9360 42.2830 34.7  34.7 0.02729  0  7.07
4 Marblehead  2031 -70.9280 42.2930 33.4  33.4 0.03237  0  2.18
5 Marblehead  2032 -70.9220 42.2980 36.2  36.2 0.06905  0  2.18
6 Marblehead  2033 -70.9165 42.3040 28.7  28.7 0.02985  0  2.18
  chas   nox    rm  age    dis rad tax ptratio      b lstat
1    0 0.538 6.575 65.2 4.0900   1 296    15.3 396.90  4.98
2    0 0.469 6.421 78.9 4.9671   2 242    17.8 396.90  9.14
3    0 0.469 7.185 61.1 4.9671   2 242    17.8 392.83  4.03
4    0 0.458 6.998 45.8 6.0622   3 222    18.7 394.63  2.94
5    0 0.458 7.147 54.2 6.0622   3 222    18.7 396.90  5.33
6    0 0.458 6.430 58.7 6.0622   3 222    18.7 394.12  5.21
```

Um das Beispiel einfach zu halten, sollen hier nur die beiden oben genannten Variablen betrachtet werden.

```
# Auswahl der Variablen 'Hauspreis', 'Raumanzahl...
# ... und 'Verbrechensrate'.
houses <- BostonHousing2[,c("medv", "rm", "crim")]

# Grafische Darstellung paarweiser Punktwolken der Variablen.
ggpairs(houses)
```

Die Visualisierung der Daten basiert auf der im R-Paket `ggplot2` implementierten *Grammar of Graphics* (Wickham, 2016). Die Funktion `ggpairs()` aus dem Paket `GGally` (Schloerke et al., 2024) erstellt eine Matrix von Punktwolken für sämtliche Variablenpaare (Abb. 1.1). Auf der Hauptdiagonalen wird ein Eindruck von der univariaten Verteilung der Variablen vermittelt. Die Kriminalitätsrate ist rechtsschief mit wenigen sehr hohen Werten. Dies sollte genauer untersucht und unter Umständen eine Transformation der Variable vorgenommen werden. Eine solche Analyse liegt jedoch außerhalb des Fokus dieses Buchs, und die Variable wird in ihrer ursprünglichen Form zur weiteren Modellierung verwendet. Im oberen Dreieck sind die (Pearson-)Korrelationskoeffizienten der Variablenpaare angegeben. Auf den ersten Blick ist ein positiver Zusammenhang zwischen der Raumanzahl und den Preisen zu erkennen. Zwischen der Kriminalitätsrate und den Preisen besteht ein weniger starker, negativer Zusammenhang. Ziel der Fallstudie ist es nun, ein möglichst genaues Vorhersagemodell für die Hauspreise anhand der anderen beiden Variablen zu erstellen. Die vorherzusagende Variable (`medv`) ist dabei numerisch, und man spricht von einem *Regressionsproblem*.

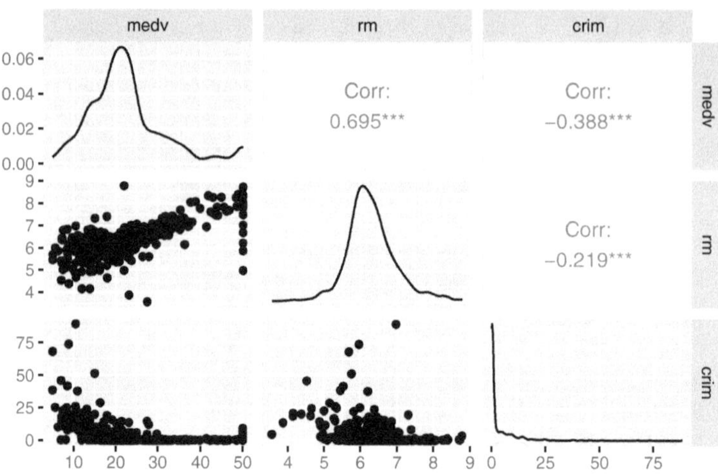


**Abb. 1.1** Streudiagrammatrix zwischen der Zielvariable Immobilienpreis (medv) und den beiden erklärenden Variablen Raumanzahl (`rm`) und Kriminalitätsrate (`crim`)

**Fallstudie 2: Vorhersage von Kreditausfällen**

Banken verwenden im Rahmen der Kreditvergabe oft sogenannte *Scoringmodelle*. Hierbei soll die Kreditwürdigkeit des oder der Antragstellenden im Vorfeld bestimmt werden. Anhand historischer Kreditantragsdaten und des zugehörigen anschließenden beobachteten Zahlungsverhaltens werden für sämtliche Kreditnehmenden Kreditausfallwahrscheinlichkeiten bestimmt. Ziel ist es, diese Wahrscheinlichkeiten anhand der zum Antragszeitpunkt verfügbaren Informationen so treffsicher wie möglich ermitteln zu können.

Ein öffentlich verfügbarer Datensatz mit Kreditantrags- und -rückzahlinformationen (Groemping, 2019) findet sich im UCI Machine Learning Repository der Universität Irvine in Kalifornien (Kelly et al., 2024). Das Repository umfasst derzeit mehr als 600 Datensätze mit exemplarischen Problemstellungen aus dem Bereich des maschinellen Lernens, die frei verfügbar sind. Die betrachteten Daten beinhalten 1000 Zeilen (Kreditnehmer) und insgesamt 21 Merkmale. Um das Beispiel einfach zu halten, werden auch hier wieder nur zwei erklärende Variablen betrachtet: Der `status` beschreibt, ob ein Konto bei der Bank vorliegt, und falls ja, den aktuellen Saldo – zusammengefasst in vier Kategorien. Die Variable `duration` ist die gewünschte Kreditlaufzeit in Monaten. Das Rückzahlverhalten ist in der Variable `default` beschrieben: `default == 'no'` bedeutet, dass der Kredit vollständig zurückgezahlt wurde, `default == 'yes'` dagegen beschreibt einen Kreditausfall.

Ziel ist es, ein Vorhersagemodell für das Kreditrückzahlverhalten zu erstellen. Anders als in der ersten Fallstudie sind die Ausprägungen der *Zielvariable* `default` hier allerdings nicht numerisch, sondern lassen sich einer von zwei Klassen (`'yes'` oder `'no'`) zuordnen. Aus diesem Grund spricht man in diesem Fall von einem *Klassifikationsproblem*. Es soll allerdings nicht die Ausprägung der Zielvariable selbst vorhergesagt werden, sondern die (unbeobachtete) Wahrscheinlichkeit eines Ausfallereignisses `default == 'yes'`. Dies erlaubt es der Bank, die Kreditanträge nach ihrer Kreditwürdigkeit zu sortieren.

```
# Laden der Daten.
repo <- "https://github.com/g-rho/GdMLdata/raw/refs/heads/main"
file <- "credit.Robj"
load(url(paste(repo, file, sep = "/")))

# Auswahl der betrachteten Variablen.
credit <- credit[, c("status","duration","default")]
head(credit)
```

```
                  status duration default
673             (-Inf,0)       18      no
281              [0,200)        6      no
439           no account       27      no
831             (-Inf,0)       36     yes
413 [200,Inf] or salary       12      no
623           no account       12      no
```

```
# Boxplot von Kreditlaufzeit vs. Rückzahlverhalten.
library(ggplot2)
ggplot(credit, aes(default, duration)) +
  geom_boxplot()
```

```
# Kontingenztabelle und Mosaikplot der Variablen
# Kontostatus und Rückzahlverhalten.
table(credit$status, credit$default)
```

```
                      no yes
  no account         139 135
  (-Inf,0)           164 105
  [0,200)             49  14
  [200,Inf] or salary 348  46
```

```
# Installation der aktuellsten Version des Pakets ggmosaic.
# devtools::install_github("haleyjeppson/ggmosaic")
library(ggmosaic)

ggplot(data = credit) +
  geom_mosaic(aes(x = product(status), fill = default)) +
  scale_fill_manual(values = c(yes = "#E69F00", no = "#56B4E9"))
```

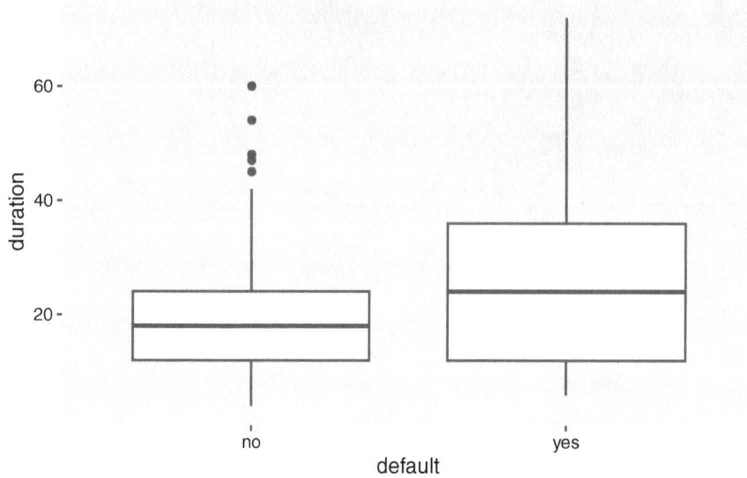


**Abb. 1.2** Boxplot der erklärenden Variable Kreditlaufzeit (duration) für die beiden Ausprägungen der Zielvariablen (default)

Der Boxplot legt die Vermutung nahe, dass Kreditanträge mit negativem Rückzahlverhalten teilweise (aber nicht immer) mit einer höheren gewünschten Kreditlaufzeit einhergehen. Die Tabelle und der Mosaikplot zeigen ebenfalls einen Zusammenhang zwischen dem Kontostatus und dem Kreditrückzahlverhalten: Je höher der Saldo, desto größer der Anteil zurückgezahlter Kredite. Am geringsten ist dieser Anteil bei Kunden, die kein Konto bei der Bank haben[1] (Abb. 1.2 und 1.3).

**Fallstudie 3: Kundensegmentierung**

Die dritte Fallstudie behandelt eine Problemstellung aus dem Marketing. Eines der Ziele im Customer Relationship Management (CRM) besteht in der Kundensegmentierung, d. h. der Zusammenfassung von Kunden in Gruppen, deren Mitglieder sich untereinander ähneln, wobei zwischen den Gruppen gleichzeitig möglichst große Unterschiede bestehen sollen. Die verschiedenen Gruppen bzw. Segmente gestatten es einem Unternehmen, effizient auch bei einer großen Anzahl an Kunden segmentsspezifische Marketingaktivitäten zu entwickeln, die die Spezifika der jeweiligen Kundengruppen berücksichtigen. Anders als in den beiden anderen Fallstudien handelt es sich in diesem Fall nicht um ein Vorhersageproblem, und es gibt keine Zielvariable. Man spricht auch von *unüberwachtem Lernen*. Zur Identifikation der Kundengruppen (engl. „Cluster") wird eine *Clusteranalyse* durchgeführt.

[1] Eine Beschreibung von Boxplots und Mosaikplots findet sich z. B. in Wilke (2020, Kap. 9 und 11). Die farbliche Darstellung der Kategorien der Zielvariablen im Mosaikplot wurde manuell über Hexadezimalcodes gewählt. Die Codes entsprechen den in Okabe und Ito (2008) vorgeschlagenen Farbtönen unter Berücksichtigung möglicher Farbsehschwächen.

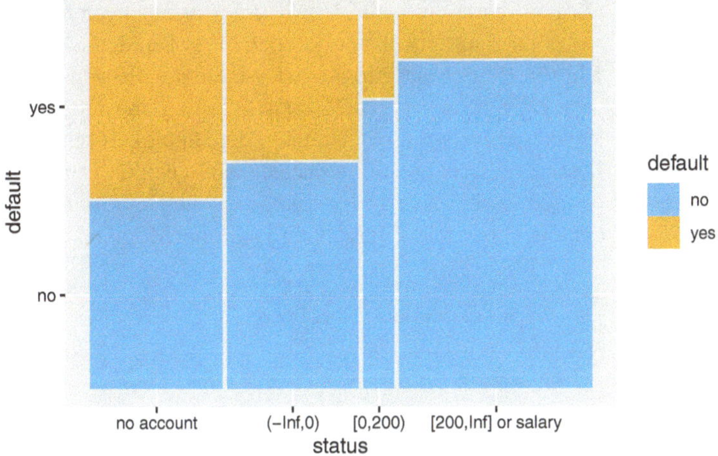


**Abb. 1.3** Mosaikplot der erklärenden Variable Kontostatus (status) und die Zielvariable (default)

Die Daten sind ebenfalls im UCI Machine Learning Repository verfügbar und gehen auf Chen et al. (2012) zurück. Es handelt sich um 541909 Transaktionsdaten eines britischen Online Stores aus den Jahren 2010 und 2011.

```
# Laden der Daten.
repo <- "https://github.com/g-rho/GdMLdata/raw/refs/heads/main"
file <- "Retail.Robj"
load(url(paste(repo, file, sep = "/")))
head(retail)
```

```
  InvoiceNo StockCode                        Description Quantity
1    536365    85123A   WHITE HANGING HEART T-LIGHT...        6
2    536365     71053                  WHITE METAL...        6
3    536365    84406B       CREAM CUPID HEARTS COAT...        8
4    536365    84029G KNITTED UNION FLAG HOT WATER...        6
5    536365    84029E       RED WOOLLY HOTTIE WHITE...        6
6    536365     22752        SET 7 BABUSHKA NESTING...        2
          InvoiceDate UnitPrice CustomerID        Country
1 2010-12-01 08:26:00      2.55      17850 United Kingdom
2 2010-12-01 08:26:00      3.39      17850 United Kingdom
3 2010-12-01 08:26:00      2.75      17850 United Kingdom
4 2010-12-01 08:26:00      3.39      17850 United Kingdom
5 2010-12-01 08:26:00      3.39      17850 United Kingdom
6 2010-12-01 08:26:00      7.65      17850 United Kingdom
```

Zu beachten ist, dass eine Transaktion (`InvoiceNo`) aus mehreren Produkten (`StockCode`) in einer dazugehörigen Menge (`Quantity`) zu einem produktspezifischen Preis (`UnitPrice`) bestehen kann. Um Kunden in Segmenten zusammenzufassen, müssen weiterhin sämtliche Transaktionen eines Kunden (`CustomerID`) aggregiert werden. Ein bekanntes Marketingmodell zur Segmentierung ist das RFM-Modell (Recency, Frequency, Monetary, RFM). Von Interesse sind demnach die vergangene Zeit seit der letzten Aktivität des Kunden, die Häufigkeit seiner Aktivität und sein Umsatz. Diese drei Größen sollen nachstehend aus den Daten für jeden Kunden bestimmt werden, wobei zu erwähnen ist, dass die Definition der Größen nicht eindeutig ist und die vorgestellte Berechnung nur eine Möglichkeit darstellt.

```
# Recency:
# Je Kunde letztes Rechnungsdatum bestimmen.
R <- aggregate(retail$InvoiceDate, list(retail$CustomerID), max)
# Umbenennen der Variable.
names(R)[2] <- "recency"
# Recency als Zeit in Tagen bis zum letzten Datum über alle Kunden.
R$recency <- round(as.numeric(difftime(max(R$recency), R$recency,
                                       units = "days")))


# Frequency:
# Hilfsfunktion zur Bestimmung der Anzahl an Rechnungen je Kunde.
fun <- function(x) length(unique(x))
# Anzahl an Rechnungen je Kunde bestimmen.
Freq <- aggregate(retail$InvoiceNo, list(retail$CustomerID), fun)
names(Freq)[2] <- "frequency"

# Monetary:
# Neue Variable Kaufpreis =  Menge * Preis je Einheit
retail$Price <- retail$UnitPrice * retail$Quantity
# Monetary ergibt sich als Summer aller Kaufpreise pro Kunde.
M <- aggregate(retail$Price, list(retail$CustomerID), sum)
names(M)[2] <- "monetary"

# Zusammenspielen der Tabellen R, Freq und M über die Kunden ID
rfm <- merge(R, Freq)
rfm <- merge(rfm, M)

# Variable Kunden ID entfernen, da für die Analyse irrelevant.
# Stattdessen Kunden ID als Zeilennamen behalten.
rownames(rfm) <- rfm[,1]
rfm <- rfm[,-1]

# Deskriptive Kennzahlen der Variablen ausgeben.
summary(rfm)
```

```
    recency          frequency          monetary
 Min.   :  0.00   Min.   :  1.000   Min.   : -4287.6
 1st Qu.: 16.00   1st Qu.:  1.000   1st Qu.:   293.4
 Median : 50.00   Median :  3.000   Median :   648.1
 Mean   : 91.58   Mean   :  5.075   Mean   :  1898.5
 3rd Qu.:143.00   3rd Qu.:  5.000   3rd Qu.:  1611.7
 Max.   :373.00   Max.   :248.000   Max.   :279489.0
```

Die univariaten Kennzahlen zeigen eine starke Streuung und eine schiefe Verteilung der Variablen, beispielsweise liegt die Häufigkeit zwischen nur einem bis hin zu 248 Einkäufen. Auf die Schiefe der Verteilungen deuten sowohl die sehr hohen Maximalwerte aller drei Variablen als auch die Differenzen zwischen den Mittelwerten und Medianen hin. Auffällig ist auch der große negative Wert im Minimum der Monetary-Variable. Hierbei könnte es sich beispielsweise um Retouren von Produkten handeln, die bereits vor dem Betrachtungszeitraum erworben wurden. Weiterführende deskriptive Analysen oder Transformationen werden an dieser Stelle nicht vorgenommen, da dies nicht den Fokus des Buchs darstellt.

# 2 Verlustfunktion

## 2.1 Modell und Fehler

Ziel im maschinellen Lernen ist es, computergestützt Zusammenhänge in Daten zu lernen. Im *überwachten Lernen* lassen sich diese durch die ganz allgemein gehaltene Gleichung

$$Y = f(X) + \epsilon$$

beschreiben. $Y$ bezeichnet dabei eine vorherzusagende *Zielvariable*. Ist der Wertebereich der Zielvariable kontinuierlich, spricht man von *Regression*, ist der Datentyp kategorial, spricht man von *Klassifikation*. Der Spezialfall einer Zielvariable mit genau zwei Klassen wird als *binäre Klassifikation* bezeichnet. $X = (X_1, ..., X_p)$ sind *erklärende Variablen,* die für die Vorhersage von $Y$ genutzt werden sollen. Im Beispiel von Fallstudie 1 entspricht die Zielvariable $Y$ den vorherzusagenden Hauspreisen `medv` und die erklärenden Variablen $X = (X_1, X_2)$ der Raumanzahl `rm` und der Kriminalitätsrate `crim`.

Man unterscheidet zwischen der systematischen Komponente $f(X)$ und dem (nicht erklärbaren) *Modellfehler* $\epsilon$. Das Aussehen der Funktion $f(X)$ ist unbekannt und soll per Computer anhand der vorhandenen Daten bestimmt werden. Der Unterschied zwischen verschiedenen Modellklassen (wie z. B. Entscheidungsbäume, vgl. Breiman et al., 1984, neuronale Netze, vgl. Bishop & Bishop, 2024 oder Random Forests, vgl. Breiman, 2001a) liegt darin, wie $f(X)$ grundsätzlich aussehen darf. Die folgenden drei Grafiken zeigen die Vorhersagen für drei unterschiedliche Modelle: lineare Regression, Regressionsbaum und neuronales Netzwerk (s. Abschn. 2.5 und 2.6), die auf denselben Daten erstellt worden sind (Abb. 2.1).

Anhand von Daten wird im maschinellen Lernen ein *Modell* $\hat{f}(X)$ *trainiert* bzw. *geschätzt,* das eine *Vorhersage*

$$\hat{Y} = \hat{f}(X)$$



G. Szepannek, *Grundprinzipien des maschinellen Lernens*,
https://doi.org/10.1007/978-3-662-73200-7_2

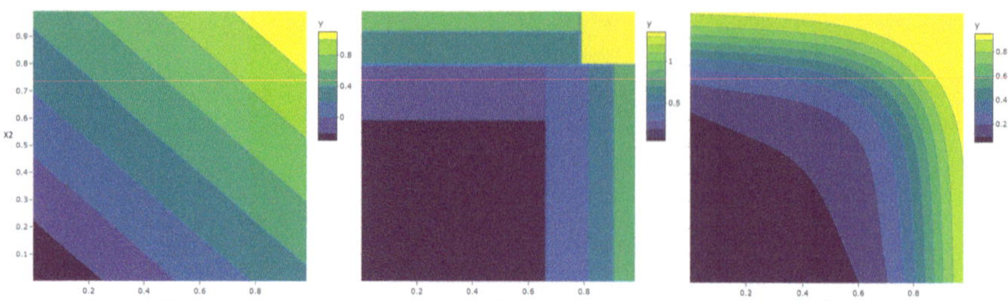

**Abb. 2.1** Einfluss der Modellklasse. Beispielhafte Heatmap der Vorhersagen eines linearen Regressionsmodells (**a**), eines Regressionsbaums (**b**) und eines neuronalen Netzwerks mit einer versteckten Schicht (**c**), trainiert auf denselben Daten: Die Farbe beschreibt den durch das Modell vorhergesagten Wert in Abhängigkeit von $X_1$ und $X_2$. Die zugrunde liegende (unbekannte) Funktion lautet $f(x_1, x_2) = x_1^4 + x_2^4$. Der größte Funktionswert liegt also in der oberen rechten Ecke und der niedrigste im Ursprung. Die Heatmap visualisiert die vorhergesagten Werte $\hat{f}(x_1, x_2)$ durch farbliche Codierung. Alle drei Modelle sind von der Tendenz her korrekt, bereits auf den ersten Blick sind jedoch die Unterschiede im Verlauf der Höhenlinien zu erkennen, die aus den unterschiedlichen vorgegebenen Funktionsklassen resultieren (s. Abschn. 2.5 und 2.6)

erlaubt. Das Dach ($\hat{.}$) signalisiert hierbei, dass es sich bei der Funktion nicht um den wirklichen (unbekannten) Zusammenhang zwischen $X$ und $Y$ handelt, sondern lediglich um eine Schätzung dieses Zusammenhangs, die anhand der beobachteten Daten „gelernt" wurde. Wären nicht dieselben Daten beobachtetet worden, würde sich dieser vermutlich etwas anders darstellen. Man beachte, dass der nicht erklärbare Fehler $\epsilon$ in dieser Gleichung nicht mehr auftaucht. $\hat{Y}$ ist die Vorhersage des Modells, für die $\epsilon = 0$ gesetzt wird.

Ist der tatsächliche Wert der Zielvariable $y_i$ für eine konkrete Beobachtung $x_i$ (Achtung, kleines $y$ und kleines $x$![1]) bekannt, lässt sich der (Vorhersage-)Fehler bestimmen durch:

$$\hat{\epsilon}_i := y_i - \hat{y}_i = y_i - \hat{f}(x_i).$$

Im Beispiel von Fallstudie 1 ist dies gerade die Differenz aus dem Wert der Variable `medv` und den (wie auch immer) anhand der Variablen `rm` und `crim` erstellten Vorhersagen. Dies kann zur Bestimmung von $\hat{f}(X)$ ausgenutzt werden: Für einen Datensatz $\{(x_i, y_i)|i = 1, \ldots, n\}$ aus $n$ Beobachtungen wird ein Modell $f^*(X)$ angenommen. Für dieses Modell kann nun für sämtliche Beobachtungen der Vorhersagefehler $\hat{\epsilon}_i$ berechnet werden. Das Machine-Learning-Verfahren sucht unter allen möglichen Modellen $f^*(X)$ dasjenige Modell $\hat{f}(X)$, bei dem der Fehler über sämtliche Beobachtungen so klein wie möglich ist (Abb. 2.2).

Hierfür müssen jedoch zunächst einmal die individuellen Vorhersagefehler $\hat{\epsilon}_1$, ..., $\hat{\epsilon}_n$ über eine Funktion zu einem einzelnen Wert zusammengefasst werden. Dieser Wert dient dann anschließend als Kriterium zur Ermittlung des besten Modells. Die

[1] Großbuchstaben werden verwendet, um zu betonen, dass der Wert einer Variable zufällig, je nach beobachtetem Individuum schwankt. Kleinbuchstaben kennzeichnen dagegen eine Realisierung, d. h. einen konkreten beobachteten Wert.

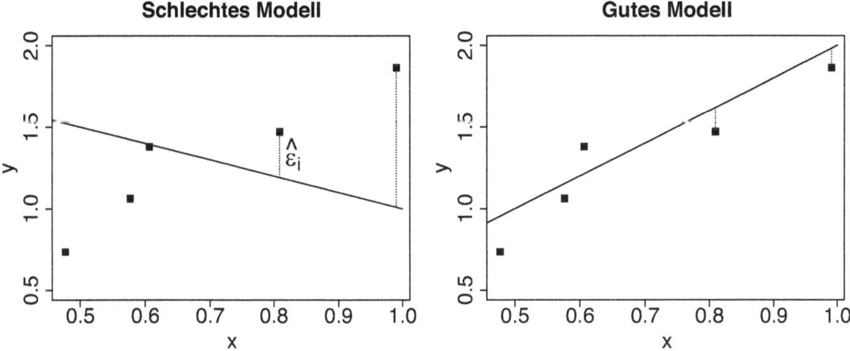


**Abb. 2.2** Darstellung der Fehler eines schlecht angepassten (**a**) und eines gut angepassten Modells (**b**) . Die Punkte sind Beobachtungen. Augenscheinlich steigen die Werte der Zielvariable $y$ mit größer werdendem $x$. Die schwarzen Linien repräsentieren zwei unterschiedliche mögliche Vorhersagemodelle. In der linken Grafik wird der positive Zusammenhang durch das Modell nicht widergespiegelt. Die Vorhersagefehler zwischen Vorhersage und tatsächlichem Wert sind durch die senkrechten Linien dargestellt und in der linken Grafik deutlich größer als in der rechten

wohl bekannteste Möglichkeit, nach diesem Prinzip ein Modell zu bestimmen, ist die *lineare Regression* (s. Abschn. 2.6).

## 2.2 Mittlerer quadratischer Fehler

▶ **Beispiel einer Verlustfunktion**

In vielen Regressionsverfahren kommt der *mittlere quadratische Fehler*, (engl. *„mean squared error“, MSE*) zum Einsatz. Dieser berechnet sich als Durchschnitt der quadrierten Abweichungen zwischen Modellvorhersage und tatsächlichen Werten:

$$MSE = \frac{1}{n}\sum_{i=1}^{n}\hat{\epsilon}_i^2 = \frac{1}{n}\sum_{i=1}^{n}(y_i - \hat{y}_i)^2 = \frac{1}{n}\sum_{i=1}^{n}(y_i - \hat{f}(x_i))^2.$$

Die Abweichungen werden hierbei quadriert, damit sich große positive und negative Abweichungen nicht gegenseitig aufheben. Der MSE ist nach unten durch 0 beschränkt. Je kleiner der MSE, desto besser sind die Modellvorhersagen für die vorliegenden Daten. Minimiert ein Machine-Learning-Verfahren den MSE, spricht man auch von der Methode der *kleinsten Quadrate* (*KQ*, engl. *„least squares“, LS*).

## 2.3 Gängige Verlustfunktionen

Der MSE aus dem vorangegangenen Abschnitt beschreibt nur eine Möglichkeit, die beobachteten Vorhersagefehler zu aggregieren. Wird statt des Quadrats der

Betrag verwendet, spricht man vom *mittleren absoluten Fehler* (engl. *„mean absolute error“, MAE*). Allgemein minimieren Modelle des maschinellen Lernens eine vorgegebene *Verlustfunktion* $L()$ über alle Beobachtungen eines Datensatzes:

$$\hat{f}(X) = \arg \min_{f^*(X)} \frac{1}{n} \sum_{i=1}^{n} L(y_i, f^*(x_i)).$$

In der Literatur findet man hierfür manchmal auch die Bezeichnung *empirische Risikominimierung*. Die Bezeichnung Risiko kann hierbei als Synonym für den zu erwartenden Verlust interpretiert werden, der mit der Wahl eines Modells $f^*(X)$ einhergeht. Der Begriff der empirischen Risikominimierung trägt darüber hinaus der Tatsache Rechnung, dass das Risiko anhand der beobachteten Verluste auf den vorliegenden Daten empirisch bestimmt wird.

Nachstehend sind steckbriefartig einige der gängigsten Verlustfunktionen angegeben:

- Name: *quadratischer Fehler (MSE,[2])*
  Problemklasse: Regression,
  Verlustfunktion: $L = (y_i - \hat{f}(x_i))^2$,
  Verwendet in: linearer Regression, neuronalen Netzen, Regressionsbäumen.

- Name: *absoluter Fehler (MAE),*
  Problemklasse: Regression,
  Verlustfunktion: $L = |y_i - \hat{f}(x_i)|$,
  Verwendet in: robuster Regression (s. Yu et al., 2017, Kap. 9).

- Name: *c-insensitiver Verlust,*
  Problemklasse: Regression,
  Verlustfunktion: $L = \max(0, |y_i - \hat{f}(x_i)| - c)$,
  Verwendet in: Support Vector Regression (SVR) (s. Drucker et al., 1996).

- *Name:* *„binary cross-entropy“/„log loss“,*
  Problemklasse: Klassifikation,
  Verlustfunktion: $L = -(y_i \cdot \log(\hat{f}(x_i)) + (1 - y_i) \cdot \log(1 - \hat{f}(x_i)))$ ,
  Verwendet in: logistischer Regression, neuronalen Netzen (s. Kap. 3).

- Name: *„hinge loss“,*
  Problemklasse: Klassifikation,
  Verlustfunktion: $L = \max(0, 1 - y_i \hat{f}(x_i))$,
  Verwendet in: Support Vector Machines (SVM)s (s. James et al., 2021, Kap. 9).

[2] Der Landkreis Mecklenburgische Seenplatte verwendet als Autokennzeichen dieselbe Abkürzung.

Eine umfangreiche Übersicht findet sich z. B. in (Wang et al., 2022). Im Unterschied zum MSE gehen in den MAE die Vorhersagefehler nicht quadratisch, sondern als absoluter Betrag ein. Das Quadrieren bei der Berechnung des MSE führt dazu, dass große Abweichungen stärker ins Gewicht fallen. Ein Modell, das den MSE minimiert, tendiert aus diesem Grund dazu, besonders große Modellfehler zu vermeiden. Die Verlustfunktionen von MAE und c-insensitivem Verlust sind sehr ähnlich. Der einzige Unterschied besteht darin, dass der c-insensitive Verlust Vorhersagefehler, die geringer als ein vorgegebener Wert $c$ sind, nicht berücksichtigt. Der Wert $c$ muss dabei von der Person festgelegt werden, die die Modellierung vornimmt. Auf Verlustfunktionen zur Klassifikation wird in Kap. 3 eingegangen. Support Vector Machines und robuste Regression werden in diesem Buch nicht behandelt. Hierfür sei auf die angegebene Literatur verwiesen.

## 2.4 Minimierung des MSE

**Beispiel: ein einfaches Modell**

Angenommen, es liegt nur eine Zielvariable vor und keine erklärenden Variablen. Wie sieht dann das einfachste bestmögliche Modell aus? In diesem Fall hängt $f(X) = f$ nicht von $X$ ab und ist eine Konstante. Welcher Wert $f$ minimiert den MSE?

$$
\begin{aligned}
MSE &= \frac{1}{n}\sum_{i=1}^{n}(y_i - f)^2 \\
&= \frac{1}{n}\sum_{i=1}^{n}((y_i - \bar{y}) + (\bar{y} - f))^2 \\
&= \frac{1}{n}\sum_{i=1}^{n}\left((y_i - \bar{y})^2 + 2(y_i - \bar{y})(\bar{y} - f) + (\bar{y} - f)^2\right) \\
&= \frac{1}{n}\sum_{i=1}^{n}(y_i - \bar{y})^2 + \frac{1}{n}\sum_{i=1}^{n}2(y_i - \bar{y})(\bar{y} - f) + \frac{1}{n}\sum_{i=1}^{n}(\bar{y} - f)^2 \\
&= \frac{1}{n}\sum_{i=1}^{n}(y_i - \bar{y})^2 + 2(\bar{y} - f)\frac{1}{n}\sum_{i=1}^{n}(y_i - \bar{y}) + \frac{1}{n}\sum_{i=1}^{n}(\bar{y} - f)^2 \\
&= \frac{1}{n}\sum_{i=1}^{n}(y_i - \bar{y})^2 + 2(\bar{y} - f)\underbrace{(\bar{y} - \bar{y})}_{=0} + \frac{1}{n}\sum_{i=1}^{n}\underbrace{(\bar{y} - f)^2}_{\geq 0}.
\end{aligned}
$$

Der erste Summand der untersten Gleichung hat unabhängig von $f$ immer den gleichen Wert. Der zweite Summand beträgt 0. Der dritte Summand ist 0, wenn $f = \bar{y}$ und größer als 0 für alle anderen Werte von $f$, d. h., für $\hat{y} = \bar{y}$ ist der MSE am kleinsten. Mit anderen Worten ist damit der Mittelwert $\bar{y}$ die bestmögliche Vorhersage bezüglich des MSE, wenn es keine zusätzlichen

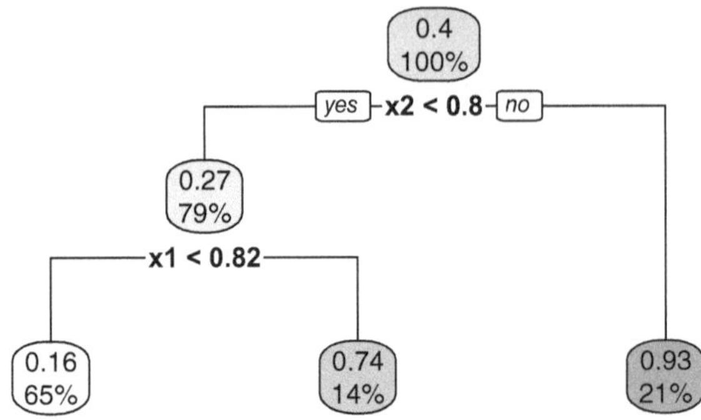


**Abb. 2.3** Regressionsbaum mit zwei Splits, der auf denselben Daten erstellt wurde wie die Modelle in Abb. 2.1

erklärenden Variablen gibt. Auf diese Eigenschaft des Mittelwerts werden wir im Weiteren noch zurückgreifen.
Im Beispiel von Fallstudie 1 wäre die bestmögliche Vorhersage $\hat{Y}$ im Sinne des MSE, wenn man die Raumanzahl und die Kriminalitätsrate nicht betrachtet, das arithmetische Mittel über alle Preise `mean(houses$medv)`.

## 2.5 Regressionsbäume

**Beispiel einer Verfahrensklasse**
*Entscheidungsbäume* stellen eine der bekanntesten Verfahrensklassen des maschinellen Lernens dar. Je nach Datentyp der Zielvariable unterscheidet man *Klassifikationsbäume* und *Regressionsbäume*. Die Abb. 2.3 zeigt einen Regressionsbaum, der auf denselben Daten erstellt wurde, wie derjenige in Abb. 2.1, jedoch mit nur zwei *Splits* (Entscheidungsregeln) und einer *Tiefe* (= maximale Anzahl aufeinanderfolgender Entscheidungsregeln) von zwei. Jeder Split unterteilt die Daten in mehrere Teile („Äste“). Durch den ersten Split werden die Daten in zwei Teilmengen unterteilt, je nachdem, ob der Wert in Variable $X_2$ kleiner oder größer oder gleich 0.8 ist. Die beiden Äste machen 79 bzw. 21 % der Daten aus. Der Teildatensatz mit $X_2 \geq 0.8$ wird nicht weiter unterteilt. Allen Beobachtungen in diesem *Endknoten* (oder auch *Blatt*) wird der Vorhersagewert $\hat{Y} = 0.93$ zugewiesen.
Entscheidungsbäume bestehen aus einer Menge hierarchisch angeordneter Regeln, die die Daten sukzessive in disjunkte Teile $R_k$ aufteilen. Diese Unterteilung des Wertebereichs der erklärenden Variablen wird auch als Partition bezeichnet. Die aus dem Baum in Abb. 2.3 resultierende Partition ist in Abb. 2.4 dargestellt.
Jeder der drei Bereiche beschreibt eine der Teilmengen $R_k$. Jedem Bereich $R_k$ wird ein Vorhersagewert $\hat{y} = f_k$ zugeordnet, d. h., das Modell lässt sich schreiben als:

$$\hat{f}(X) = \sum_k I(X \in R_k) \cdot f_k.$$

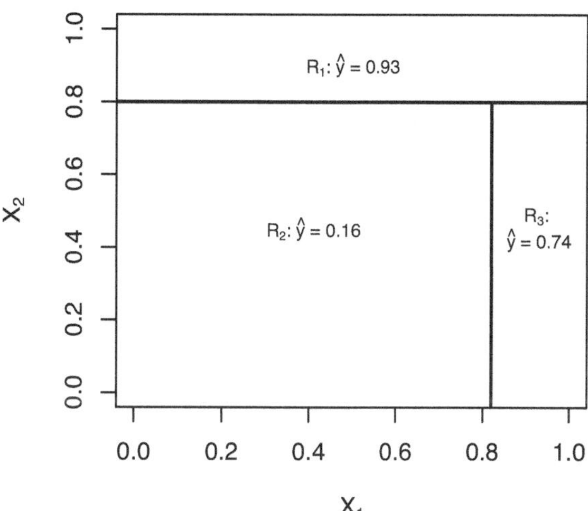


**Abb. 2.4** Resultierende Partition des Regressionsbaums aus Abb. 2.3. Der erste Split ($X_2 < 0.8$) trennt den oberen Bereich vom Rest. Der Bereich darunter wird durch den zweiten Split ($X_1 < 0.82$) weiter unterteilt

Die Indikatorfunktion $I(x \in R_k)$ nimmt dabei den Wert 1 an, genau dann, wenn $x \in R_k$ und 0 sonst.

$\hat{f}(X)$ wird so bestimmt, dass der MSE minimiert wird. Schrittweise werden die Bereiche $R_k$ und die zugehörigen Vorhersagewerte $f_k$ ermittelt. Im Beispiel aus Abb. 2.3 bzw. 2.4 sind die durch den Baum vorhergesagten Werte für die unterschiedlichen Bereiche $R_1$, $R_2$ und $R_3$: $f_1 = 0.16$, $f_2 = 0.74$ und $f_3 = 0.93$.

Im ersten Schritt werden zunächst $R_1(j, s) = \{X | X_j < s\}$ und $R_2(j, s) = \{X | X_j \geq s\}$ gesucht. Der Variablenindex $j$ und der zugehörige Splitwert $s$ werden dabei so gewählt, dass die resultierende Aufteilung der Daten zum kleinstmöglichen MSE führt.

Dieser berechnet sich wie folgt:

$$MSE = \frac{1}{n}\left(\sum_{i:x_i \in R_1}(y_i - f_1)^2 + \sum_{i:x_i \in R_2}(y_i - f_2)^2\right).$$

Aus dem letzten Abschnitt ist bekannt, dass die Summe minimal ist, wenn $f_k = \bar{y}_k$ gerade dem Mittelwert der Zielvariable sämtlicher Beobachtungen des jeweiligen Bereichs entspricht. Für beliebige Variablen $j$ und Splitwerte $s$ kann damit der MSE berechnet werden und anschließend können beide Werte so gewählt werden, dass sie zum kleinstmöglichen MSE führen:

$$MSE(s, j) = \frac{1}{n}\left(\sum_{i:x_i \in R_1}(y_i - \bar{y}_1)^2 + \sum_{i:x_i \in R_2}(y_i - \bar{y}_2)^2\right) \rightarrow \min_{s,j}.$$

Im ersten Split des Baums aus Abb. 2.3 ist dies der Fall für den Variablenindex $j = 2$ und den Splitwert $s = 0.8$.

Diese Prozedur kann iterativ wiederholt werden, um die jeweils aktuellen Teilmengen weiter aufzuteilen, so lange, bis ein *Stoppkriterium* wie beispielsweise eine maximale *Baumtiefe* oder minimale *Blattgröße* der resultierenden Teilmengen keine weitere Unterteilung gestattet (s. Kap. 5).

## 2.6 Lineare Regression und neuronale Netze

▶ **Beispiele anderer Verfahrensklassen**
Ebenso wie Regressionsbäume minimiert auch die *lineare Regression* den MSE. Der Unterschied zwischen beiden Verfahren besteht in der Menge der möglichen Modellkandidaten $f(X)$. Anders als im vorangehenden Beispiel sieht diese in der linearen Regression wie folgt aus:

$$f(X) = \beta_0 + \beta_1 X_1 + \ldots + \beta_p X_p = \beta_0 + \sum_{j=1}^{p} \beta_j X_j.$$

Betrachtet man das Beispiel aus Fallstudie 1, so ergibt sich der vorhergesagte Hauspreis als Summe einer Konstante ($\beta_0$) und der Raumanzahl und der Kriminalitätsrate, wobei beide mit einem Gewicht ($\beta_1$ bzw. $\beta_2$) multipliziert werden. Diese Gewichte werden in der linearen Regression aus den Daten gelernt und auch als *Effekte* bezeichnet.
Abb. 2.5 veranschaulicht exemplarisch die unterschiedlichen Funktionenklassen $f(X)$, die durch Regressionsbäume (Abb. 2.5a) und lineare Regression (Abb. 2.5b) beschrieben werden, am Beispiel eines Regressionsproblems mit nur einer erklärenden Variablen $X$. Die Regeln des Regressionsbaums werden durch die Splitwerte $s_1$ und $s_2$ beschrieben. Zwischen den Splitwerten liefert das Modell jeweils einen konstanten Vorhersagewert $f_k$. Als Resultat ergibt sich eine Treppenfunktion. Die verschiedenen möglichen Modelle unterscheiden sich durch die Anzahl an Splitwerten, deren Position auf der x-Achse, sowie die, den hierdurch entstandenen Bereichen zugewiesenen Vorhersagewerten $f_k$. Im Vergleich dazu beschreibt die Modellklasse $f(X)$ in der linearen Regression keine Treppenfunktion, sondern eine Gerade, und unterschiedliche Modellkandidaten werden durch die Neigung $\beta_1$ und den Achsenabschnitt $\beta_0$ beschrieben.
Auch neuronale Netze verwenden als Verlustfunktion typischerweise den quadratischen Fehler. Abb. 2.5 zeigt die Struktur eines *vorwärtsgerichteten neuronalen Netzwerks* (engl. *„feed forward neural network“*) mit einer *versteckten Schicht* (engl. *„hidden layer“*), bestehend aus zwei *Neuronen* für die Daten aus Abb. 2.1. Vorwärtsgerichtet bedeutet hierbei, dass zwischen den Neuronen (durch Kreise dargestellt) nur Verknüpfungen in einer Richtung (von links nach rechts) bestehen. Die versteckte Schicht sind vertikal angeordnete Neuronen, die zwischen den Eingabe- bzw. Inputneuronen ($X1$, $X2$, links) und dem Ausgabe- bzw. Outputneuron ($Y$, rechts) positioniert sind. Die Kreise mit der 1 werden als *Intercept* bezeichnet und entsprechen einer Variablen, die konstant den Wert 1 annimmt,

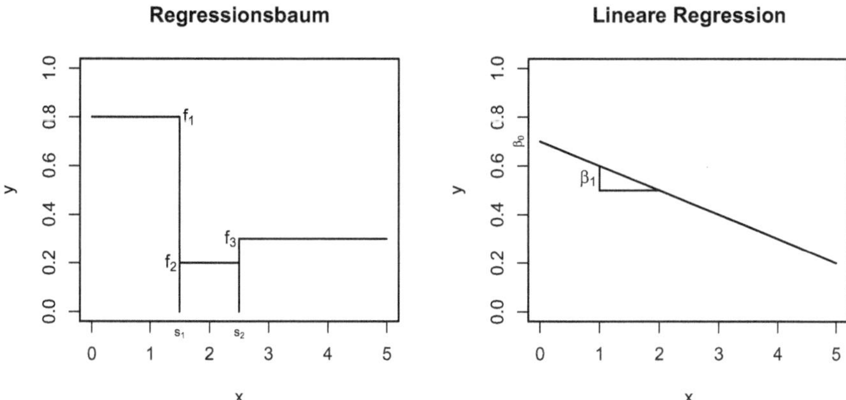


**Abb. 2.5** Jeweils ein Beispiel der unterschiedlichen Funktionenklassen $f(X)$, die durch Regressionsbäume (**a**) und lineare Regression (**b**) beschrieben werden – hier für ein Regressionsproblem mit nur einer erklärenden Variablen $X$

Im Beispiel aus Fallstudie 1 entsprechen die Eingabeneuronen $X1$ und $X2$ gerade den beiden erklärenden Variablen `rm` und `crim` und das Ausgabeneuron den Hauspreisen `medv`. Die versteckten Neuronen sind künstliche Variablen, die im Rahmen des Trainings des neuronalen Netzes gebildet werden, für den Anwender aber zunächst verborgen bleiben.

Jede Linie in Abb. 2.6. beschreibt ein Gewicht, das je zwei der Neuronen miteinander verknüpft. Die Klasse der möglichen Modelle $f(X)$ ähnelt derjenigen einer linearen Regression:

$$f(X) = \beta_0 + \sum_{k=1}^{K} \beta_k \cdot \underbrace{g\left(w_{k0} + \sum_{j=1}^{p} w_{kj} X_j\right)}_{\text{verstecktes Neuron } k}.$$

$K$ ist hierbei die Anzahl an Neuronen in der versteckten Schicht. Der Wert jedes versteckten Neurons $k$ berechnet sich als gewichtete Summe der erklärenden Variablen $X_j$, $j = 1, \ldots, p$ mit Gewichten $w_{kj}$. Die versteckten Neuronen lassen sich also als Regression einer unbekannten Größe auf die erklärenden Variablen interpretieren. Mit Kenntnis der (vom Netz erlernten) Gewichte $w_{kj}$ lassen sich die Werte der versteckten Neuronen berechnen, in der Praxis ist die Kenntnis dieser Werte aber in der Regel nicht von Interesse.

Die $\beta_k$ wiederum beschreiben die Effekte der versteckten Neuronen (Abb. 2.6, Mitte) auf den Output (Abb. 2.5, rechts). Ein neuronales Netz lässt sich also als Regression der Zielvariable (in der Sprache neuronaler Netze Ausgabe- bzw. Outputneuron genannt) auf die versteckten Neuronen auffassen.

Ein weiterer Unterschied zur linearen Regression besteht in der *Aktivierungsfunktion* $g()$: Mit dieser wird die Summe der gewichteten Inputs ggf. zusätzlich *nichtlinear* gestreckt oder gestaucht. Eine oft verwendete Funktion ist die *sig-*

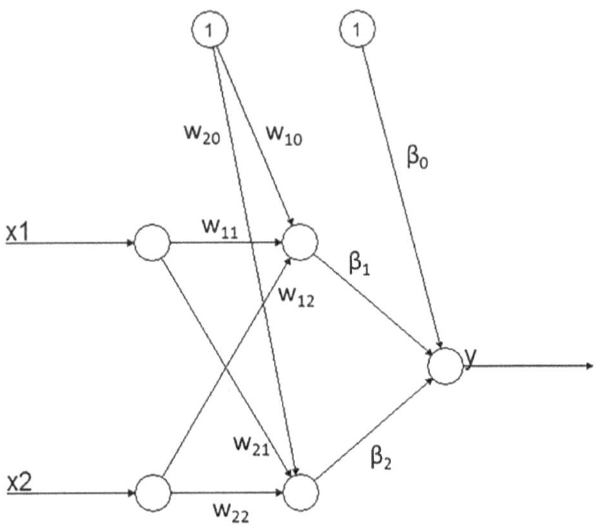


**Abb. 2.6** *Vorwärtsgerichtetes neuronales Netzwerk* (engl. *„feed forward neural network"*) mit einer *versteckten Schicht* (engl. *„hidden layer"*), bestehend aus zwei *Neuronen* für die Daten aus Abb. 2.1

*moide* (oder auch *logistische*) Aktivierungsfunktion[3]:

$$g(z) = \frac{e^z}{1 + e^z} = \frac{1}{1 + e^{-z}}.$$

Abb. 2.7 zeigt den Verlauf der logistischen Aktivierungsfunktion: Im Bereich sehr kleiner und sehr großer Werte von $z$ ändert sich $g(z)$ nur langsam, wohingegen Änderungen in der Nähe einer gewichteten Summe der Inputs von $z = 0$ eine starke Auswirkung auf die Aktivierung haben.

Bemerkung: Fasst man die oben angestellten Beobachtungen zur strukturellen Ähnlichkeit der Gleichungen von linearer Regression und neuronalen Netzen zusammen, so lässt sich eine lineare Regression als neuronales Netz ohne versteckte Schicht interpretieren, das die lineare Aktivierungsfunktion $g(z) = z$ verwendet.

Die unbekannten Gewichte $\beta_k$ und $w_{kj}$ werden durch das neuronale Netz anhand der Daten gelernt, sodass sie den MSE minimieren (vgl. Kap. 4).

[3] Die eulersche Zahl $e \approx 2.718$ ist die Basis der Exponentialfunktion $e^x$ (oder auch $\exp(x)$). Diese Funktion ist die Umkehrfunktion des natürlichen Logarithmus $\log(x)$, und es gilt $\exp(\log(x)) = x$. Diese Beziehung wird in Fallstudie 2 in Kap. 3 ausgenutzt werden.

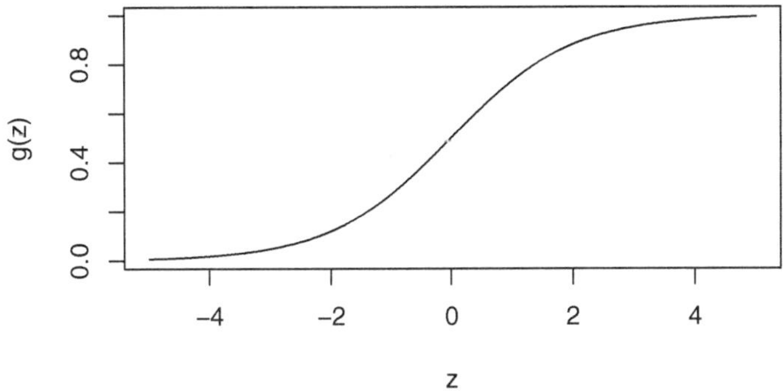


**Abb. 2.7** Sigmoide Aktivierungsfunktion

Während die Anzahl zu trainierender Gewichte $\beta_j$ in der linearen Regression der Anzahl Variablen $p + 1$ entspricht, ergibt sie sich bei vorwärtsgerichteten neuronalen Netzen als

$$\underbrace{(K+1)}_{\substack{\text{Gewichte zwischen Output}\\ \text{und versteckter Schicht}}} + \underbrace{K \cdot (p+1)}_{\substack{\text{Gewichte zwischen Input}\\ \text{und versteckter Schicht}}} .$$

Im Beispiel aus Abb. 2.6 sind dies bei $K = 2$ versteckten Neuronen und $p = 2$ erklärenden Variablen ($X_1$ und $X_2$) insgesamt $(2 + 1) + (2 \cdot (2 + 1)) = 9$ Gewichte, wie sich leicht durch Nachzählen der Verbindungen zwischen den Neuronen überprüfen lässt. Im Vergleich dazu gehen in die zuvor beschriebene lineare Regression nur drei Gewichte (der Intercept und je ein Effekt beider erklärender Variablen) ein. In einem neuronalen Netz müssen also deutlich mehr Modellparameter aus den Daten erlernt werden als in der linearen Regression. Entsprechend sind zum Trainieren eines leistungsfähigen neuronalen Netzes deutlich mehr Daten erforderlich.

## 2.7 Fallstudie 1: Vorhersage von Immobilienpreisen

Zunächst soll ein lineares Modell zur Vorhersage der Hauspreise mithilfe der Funktion `lm()` erstellt werden:

```
# Erstellen eines linearen Modells.
lin.mod <- lm(medv ~ ., data = houses)

# Zusammenfassung des trainierten Modells.
summary(lin.mod)
```

```
Call:
lm(formula = medv ~ ., data = houses)

Residuals:
    Min      1Q  Median      3Q     Max
-21.608  -2.835  -0.380   2.592  38.839

Coefficients:
             Estimate Std. Error t value Pr(>|t|)
(Intercept) -29.24472    2.58809 -11.300   <2e-16 ***
rm            8.39107    0.40485  20.726   <2e-16 ***
crim         -0.26491    0.03307  -8.011    8e-15 ***
---
Signif. codes:  0 '***' 0.001 '**' 0.01 '*' 0.05 '.' 0.1 ' ' 1

Residual standard error: 6.237 on 503 degrees of freedom
Multiple R-squared:  0.542, Adjusted R-squared:  0.5401
F-statistic: 297.6 on 2 and 503 DF,  p-value: < 2.2e-16
```

Die Formelnotation `y ~ .` gibt hierbei an, dass die Variable mit Namen y die abhängige Variable darstellt. Der Punkt rechts von der Tilde ist eine Kurznotation dafür, dass alle anderen Variablen aus der Tabelle `houses` als unabhängige Variablen in das Rezessionsmodell eingehen. Die Modellgleichung lautet demnach:

$$medv = \beta_0 + \beta_1 \cdot rm + \beta_2 \cdot crim + \epsilon.$$

Die `summary()` Methode fasst wesentliche Informationen zum trainierten Regressionsmodell zusammen. Von Interesse ist insbesondere die Spalte `Estimate`, die die trainierten Regressionskoeffizienten enthält. Der negative Achsenabschnitt $\hat{\beta}_0$ erscheint unplausibel, würde aber auch einer unrealistischen Wohnungsgröße von null Räumen entsprechen. Der Effekt `rm = 8.39107` bedeutet, dass die Preise pro zusätzlichem Raum durchschnittlich um 8391 US$ ansteigen. Mit wachsender Kriminalitätsrate sinken die Preise. Der Effekt der Kriminalitätsrate wirkt auf den ersten Blick deutlich kleiner. Es muss jedoch beachtet werden, dass die Wertebereiche der beiden Variablen eine unterschiedliche Skalierung besitzen:

```
# Standardabweichung der beiden erklärenden Variablen.
sd(houses$rm)
```

```
[1] 0.7026171
```

```
sd(houses$crim)
```

```
[1] 8.601545
```

Ob übrigens eine höhere Kriminalitätsrate niedrigere Immobilienpreise zur Folge hat oder ob in Bezirken mit niedrigeren Immobilienpreisen eine höhere Kriminalitätsrate resultiert, lässt sich durch das Modell nicht beantworten. Durch maschinelles Lernen lassen sich Zusammenhänge aufdecken, zwischen Ursache und Wirkung kann jedoch nicht unterschieden werden. Dies ist das Ziel kausaler Inferenz (für eine Einführung, s. z. B. Lübke et al., 2020).

Für viele Modelle gibt es in R eine `predict()` Methode, mit der sich Vorhersagen erstellen lassen.

```
# Erstellen von Vorhersagen.
yhat.lin <- predict(lin.mod, houses)

# Vergleich der Vorhersagen mit den wahren Werten.
head(cbind("Vorhersage" = yhat.lin,
           "Wahrheit"   = houses$medv))
```

```
  Vorhersage Wahrheit
1   25.92488     24.0
2   24.62709     21.6
3   31.03788     34.7
...
```

Der mittlere quadratische Fehler lässt sich nun wie folgt bestimmen:

```
# MSE
mean((yhat.lin - houses$medv)^2)
```

```
[1] 38.6676
```

Als Nächstes soll ein Entscheidungsbaum auf den Immobilienpreisdaten trainiert werden. Eine der bekanntesten Implementierungen von Entscheidungsbäumen, die auf Breiman et al. (1984) zurückgeht, bietet das Paket `rpart` (Therneau & Atkinson, 2015, 2023).

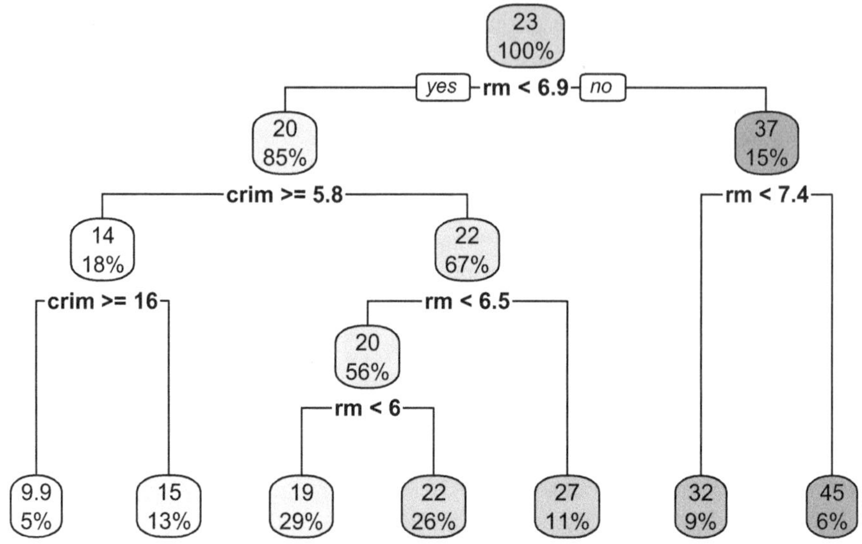


**Abb. 2.8** Entscheidungsbaum auf den Immobilienpreisdaten

```
# Einbinden der erforderlichen Bibliotheken.
library(rpart)
library(rpart.plot)

# Erstellung eines Regressionsbaums.
tree.mod <- rpart(medv ~., data = houses)

# Darstellung des Baums.
rpart.plot(tree.mod)
```

In der Baumdarstellung unterteilt der erste Split die Daten danach, ob die durchschnittliche Raumanzahl kleiner (85 % der Bezirke, mit einem Durchschnittspreis von 20K US$) oder größer oder gleich (15 %, 37K US$) 6.9 ist. Beträgt sie sogar mindestens 7.4, liegt der prognostizierte durchschnittliche Preis bei 45K US$. Für Bezirke mit geringerer durchschnittlicher Anzahl an Räumen pro Wohnung spielt zusätzlich die Kriminalitätsrate eine Rolle: Ist diese hoch, sind die Preise geringer (Abb. 2.8).

Das Erstellen von Vorhersagen und die Bestimmung des MSE erfolgen genau wie in der linearen Regression zuvor:

```
# Erstellen von Vorhersagen.
yhat.tree <- predict(tree.mod, houses)

# Berechnung des MSE.
mean((yhat.tree - houses$medv)^2)
```

```
[1] 24.89582
```

Abschließend wird noch ein neuronales Netz auf den Daten trainiert. Hierfür wird das Paket `neuralnet` (Fritsch et al., 2019) verwendet. Die Gewichte des Netzwerks werden hierbei zunächst zufällig initialisiert und dann iterativ an die Daten angepasst (vgl. Kap. 4). Aus Gründen der Reproduzierbarkeit kann man mithilfe der Funktion `set.seed()` den Startwert des Zufallszahlengenerators wählen, sodass ein wiederholter Aufruf zu denselben Ergebnissen führt. Die zufällige Initialisierung der Gewichte berücksichtigt nicht die möglicherweise unterschiedlich starke Streuung der verschiedenen erklärenden Variablen. Aus diesem Grund ist es üblich, die erklärenden Variablen zunächst einheitlich zu skalieren. Hier erfolgt dies über die Funktion `scale()`. Die skalierten Daten werden in der Tabelle `houses_scaled` gespeichert. In der Funktion `neuralnet` lässt sich über das Argument `hidden` die Anzahl versteckter Neuronen spezifizieren.

```
# Einbinden der Bibliothek,
library(neuralnet)

# Reproduzierbare Initialisierung der Gewichte.
set.seed(42)

# Skalierung der erklärenden Variablen auf einheitliche Varianz.
houses_scaled <- houses
houses_scaled[,c("rm", "crim")] <- scale(houses[,c("rm", "crim")])

# Trainieren eines neuronalen Netzes mit 2 versteckten Neuronen.
nn.mod <- neuralnet(medv ~ .,  data = houses_scaled, hidden = 2)
```

Das `weights`-Element des Outputobjekts enthält eine Liste mit den trainierten Netzwerkgewichten. In der ersten Matrix stehen die Gewichte zwischen Inputneuronen und versteckter Schicht, wobei `nn.mod$weights[[1]][j,k]` gerade $w_{kj}$ dem Gewicht zwischen der erklärenden Variable $j$ und Neuron $k$ der versteckten Schicht entspricht. Die erste Zeile der Matrix enthält die beiden Intercepts $w_{k0}$. Die zweite Matrix enthält die entsprechenden Gewichte zwischen den Neuronen der versteckten Schicht und der Zielvariablen. Über die `plot()`-Methode kann die Struktur des Netzwerks in einem separaten Fenster visualisiert werden (hier nicht dargestellt).

```
# Ausgabe der trainierten Gewichte.
nn.mod$weights
```

```
[[1]]
[[1]][[1]]
          [,1]      [,2]
[1,]  17.42471 -2.133303
[2,]  -6.45974  1.552896
[3,] -21.39559 -1.130204

[[1]][[2]]
          [,1]
[1,]  9.908658
[2,]  7.208928
[3,] 31.218150
```

```
# Darstellung der Netzwerkstruktur.
plot(nn.mod)
```

Analog zu Entscheidungsbaum und linearer Regression lassen sich auch für das trainierte Netz Vorhersagen erstellen und der MSE berechnen.

```
# Erstellen von Vorhersagen.
yhat.nn <- predict(nn.mod, houses_scaled)

# Berechnung des MSE.
mean((yhat.nn - houses$medv)^2)
```

```
[1] 24.17227
```

Vergleicht man die mittleren quadratischen Fehler von linearer Regression, Entscheidungsbaum und neuronalem Netz, entsteht der Eindruck, das neuronale Netz sei zur Vorhersage am besten geeignet. Um diese Frage zu beantworten, sei jedoch vorerst auf Kap. 5 verwiesen.

## 2.8 Zusammenfassung und Ausblick

**Rückblick: Wesentliche Inhalte**

- Klassifikation vs. Regression
- Modellklasse $f(X)$
- Verlustfunktion $L(Y, f(X))$
- Gängige Verlustfunktionen
- MSE
- Optimalitätseigenschaft des Mittelwerts
- Regressionsbäume
- Lineare Regression
- Vorwärtsgerichtete neuronale Netzwerke

**Übungsaufgaben**

1. Lesen Sie die Daten *MSE.csv* ein und bestimmen Sie den MSE zwischen `y` und `yhat`.
2. Lesen Sie die Daten *xy.csv* ein und erstellen Sie ein lineares Regressionsmodell zur Vorhersage der Variable `y` durch die Variable `x` mithilfe der Funktion `lm()`.
3. Erstellen Sie mit der `predict()`-Methode Vorhersagen des Modells aus 2. für die *xy*-Daten und bestimmen Sie den MSE des Regressionsmodells.
4. Berechnen Sie den MSE eines Regressionsbaums für die $xy$-Daten:

   i) Teilen Sie die Daten anhand des Splits $x = 0.5$ in zwei Teile.
   ii) Bestimmen Sie den Vorhersagewert $\hat{f}_k$ als Mittelwert $\bar{y}$ für jeden der beiden Teile.
   iii) Erzeugen Sie eine neue Variable, die für jede Beobachtung den vorhergesagten Knotenmittelwert enthält.
   iv) Berechnen Sie den MSE.
   v) Schreiben Sie eine Funktion, die den MSE in Abhängigkeit des gewählten Splitwerts ausgibt.
   iv) Finden Sie den Splitwert, der den MSE minimiert.

5. Verwenden Sie die Funktion `neuralnet` aus dem Paket `{neuralnet}`, um ein neuronales Netzwerk auf den `xy`-Daten zu trainieren und berechnen Sie den MSE. Erstellen Sie über das Argument `hidden = 2` ein Netzwerk mit einer versteckten Schicht aus zwei Neuronen. (Behalten Sie den Default `linear.output = TRUE` bei, d. h., verwenden Sie keine Aktivierungsfunktion). Visualisieren Sie die vorhergesagten Werte in Abhängigkeit von `x`.
6. Trainieren Sie ein zweites neuronales Netzwerk, diesmal mit zwei versteckten Schichten von je 10 Neuronen (`hidden = c(10,10)`). Vergleichen Sie beide Netzwerke hinsichtlich MSE und der visualisierten Vorhersagefunktion.

7. Bestimmen Sie die Anzahl zu trainierender Gewichte für ein vorwärtsgerichtetes neuronales Netz mit einer verstecken Schicht aus drei versteckten Neuronen und vier Inputvariablen. Wie viele Regressionskoeffizienten hat ein lineares Regressionsmodell auf denselben Daten?

**Hinweise zu weiterführender Literatur**

- Zu Modell und Fehler: James et al. (2021), Abschn. 2.1
- Zum MSE: James et al. (2021), Abschn. 2.2.1
- Zu weiteren Verlustfunktionen: Wang et al. (2022)
- Zu neuronalen Netzen: Rashid (2017), James et al. (2021), Abschn. 10.7
- Zu Regressionsbäumen: Breiman et al. (1984), James et al. (2021), Abschn. 8.1.1.
- Zu SVMs: James et al. (2021), Kap. 9., Drucker et al. (1996)
- Zu robuster Regression: Yu et al. (2017)

# Maximum-Likelihood

# 3

## 3.1 Likelihood-Funktion

Die *Maximum-Likelihood-Methode* ist ein Verfahren aus der Statistik, um unbekannte *Parameter* eines Modells anhand von Daten zu schätzen. Der Begriff *schätzen* wird in der Statistik analog zu den aus dem letzten Kapitel bekannten Begriffen *lernen* oder *trainieren* verwendet. Beispiele solcher Parameter sind die Regressionskoeffizienten $\beta_j$ in der linearen Regression oder die Gewichte $\beta_k$ sowie $w_{kj}$ eines neuronalen Netzwerks. Im Folgenden wird für die Parameter allgemein der Buchstabe $\theta$ verwendet.

Das Prinzip der Maximum-Likelihood-Methode besteht darin, denjenigen Parameter $\hat{\theta}$ zu finden, sodass die *Likelihood-Funktion*

$$L(\theta|x_1, \ldots, x_n) = p(x_1, \ldots, x_n|\theta) \rightarrow \max$$

größtmöglich wird. $\{x_1, \ldots, x_n\}$ bezeichnet hierbei sämtliche Beobachtungen der *Lernstichprobe*. Diese können aus einer oder mehreren Variablen bestehen.[1]

Die Notation $p(x_1, \ldots, x_n|\theta)$ weist auf die Interpretation im Sinne einer Wahrscheinlichkeit hin und beschreibt die gemeinsame *Dichtefunktion* der beobachteten Daten[2]. Zumindest für den einfachen Fall von Variablen, die nur eine endliche Anzahl an möglichen Werten annehmen können, beschreibt sie, wie wahrscheinlich es ist, dass die Daten genau so aussehen, wie die vorliegende Lernstichprobe, wenn der

[1] Die Notation $p(x_1, \ldots, x_n|\theta)$ weicht hierbei von der ansonsten in der Literatur häufig verwendeten Schreibweise $f(x_1, \ldots, x_n|\theta)$ ab, um eine Verwechslung mit der bereits verwendeten Vorhersagefunktion $f(X)$ zu vermeiden.

[2] Der senkrechte Strich symbolisiert die Bedingung eines angenommenen Werts für den Parameter $\theta$.



G. Szepannek, *Grundprinzipien des maschinellen Lernens*,
https://doi.org/10.1007/978-3-662-73200-7_3

unbekannte Parameter den Wert $\theta$ hätte (für eine weiterführende Lektüre sei Genschel & Becker, 2005, Kap. 2 empfohlen).

Die Likelihood-Funktion bedeutet lediglich einen Perspektivwechsel in Bezug auf die Dichtefunktion: Während dort der Parameter $\theta$ als bekannt angenommen wird, ist diese eine Funktion in Abhängigkeit von $x_1, \ldots, x_n$. Im Gegensatz dazu werden bei der Likelihood-Funktion die beobachteten Daten $x_1, \ldots, x_n$ als bekannt (bzw. vorgegeben) angesehen, und es ergibt sich eine Funktion in Abhängigkeit vom variablen Parameter $\theta$. $\theta$ kann dabei ein einzelner Parameter sein, aber auch eine Kombination mehrerer Parameter (wie z. B. im Fall der oben beschriebenen Regressionskoeffizienten).

Achtung: Im Unterschied zur im vorigen Kapitel eingeführten Verlustfunktion $L(Y, f(X))$ wird die Likelihood-Funktion nicht minimiert, sondern maximiert. Dies ist äquivalent zur Minimierung der negativen Likelihood. In der Praxis wird häufig (zumindest näherungsweise) von unabhängigen Beobachtungen ausgegangen. Dies vereinfacht die Berechnung der Likelihood-Funktion. Es muss nun nicht mehr die *gemeinsame Dichte,* d. h. die Wahrscheinlichkeit des gemeinsamen Auftretens sämtlicher Beobachtungen der Stichprobe, bestimmt werden. Stattdessen reicht es aus, diese für die einzelnen Beobachtungen zu berechnen und miteinander zu multiplizieren, und es ergibt sich:

$$L(\theta|x_1, \ldots, x_n) = p(x_1, \ldots, x_n|\theta) = \prod_{i=1}^{n} p(x_i|\theta).$$

## 3.2 Binomialverteilung

▶ **Beispiel einer Maximum-Likelihood-Schätzung**

Einen Ausgangspunkt für die beiden nachfolgenden Verfahren des maschinellen Lernens bildet die *Binomialverteilung*. Eine binomialverteilte Zufallsvariable $X \sim B(n, \theta)$ beschreibt die Auftretenshäufigkeit eines Ereignisses mit Wahrscheinlichkeit $\theta$ in $n$ unabhängigen Wiederholungen. Im Fall von nur einer einzigen Wiederholung, d. h. für $n = 1$ gilt:

$$p(x|\theta) = \theta^x (1-\theta)^{(1-x)},$$

wobei $x$ nur die Werte 1 oder 0 annehmen kann und immer einer der beiden Faktoren zu 1 wird. Für beliebige $n$ ist die Dichtefunktion gegeben durch[3]:

$$p(x|\theta) = \binom{n}{x} \theta^x (1-\theta)^{(n-x)}.$$

[3] Die Formel ergibt sich durch $x$-fache Multiplikation der Eintretenswahrscheinlichkeit $\theta$ mit derjenigen Wahrscheinlichkeit, dass genau $(n-x)$-mal das Gegenereignis, jeweils mit einer Wahrscheinlichkeit $(1-\theta)$, eingetreten ist. Der Binomialkoeffizient $\binom{n}{x}$ beschreibt die Anzahl möglicher Reihenfolgen, in der dies passieren kann (vgl. Genschel & Becker, 2005, Abschn. 2.7).

Mit der Maximum-Likelihood-Methode kann nun die Wahrscheinlichkeit $\theta$ geschätzt werden, wenn beispielsweise bei $n = 25$ Wiederholungen ein bestimmtes Ereignis $x = 15$-mal eingetreten ist. Es ist:

$$L(\theta|x) = \binom{n}{x}\theta^x(1-\theta)^{(n-x)} \rightarrow max.$$

Häufig wird statt der Likelihood-Funktion die logarithmierte Likelihood-Funktion, auch als *Log-Likelihood* $\mathrm{l}(\theta)$ bezeichnet, verwendet. Über diesen Trick ist oft eine einfachere Bestimmung des unbekannten Werts $\theta$ möglich. Entscheidend ist, dass hier ja nicht der Wert der Likelihood-Funktion selbst (d. h. $\max_\theta L(\theta|x)$) gesucht ist, sondern der zugehörige Wert von $\theta$, der diese maximal werden lässt (also $\arg\max_\theta L(\theta|x)$). Da die Logarithmusfunktion $\log(x)$ streng monoton ist (also für $a < b$ immer auch $\log(a) < \log(b)$, vgl. Abb. 3.1), führt derjenige Wert von $\theta$ mit maximaler Likelihood auch gleichzeitig zum größtmöglichen Wert der logarithmierten Likelihood-Funktion.

$$\arg\max_\theta l(\theta) = \arg\max_\theta \log L(\theta|x) = \arg\max_\theta L(\theta|x) =: \hat{\theta}.$$

Der Wert von $\theta$, der diese Eigenschaft erfüllt, wird mit $\hat{\theta}$ bezeichnet. Im Fall der Binomialverteilung lautet die logarithmierte Likelihood-Funktion:

$$l(\theta) = log(L(\theta)) = \underbrace{\log\binom{n}{x}}_{\text{konstant – hängt nicht von } \theta \text{ ab}} + x\log(\theta) + (n-x)\log(1-\theta).$$

In ihrem Maximum muss die Ableitung dieser Funktion nach $\theta$ den Wert 0 annehmen, also:

$$\begin{aligned}
\frac{\mathrm{d}l(\theta)}{\mathrm{d}\theta} = \quad & 0 + \frac{x}{\theta} - \frac{n-x}{1-\theta} = 0 \\
\Leftrightarrow \quad & \frac{x}{\theta} = \frac{n-x}{1-\theta} \\
\Leftrightarrow \quad & x(1-\theta) = (n-x)\theta \\
\Leftrightarrow \quad & x - x\theta = n\theta - x\theta \\
\Leftrightarrow \quad & x = n\theta \\
\Leftrightarrow \quad & \frac{x}{n} = \theta.
\end{aligned}$$

Für eine Binomialverteilung entspricht der *Maximum-Likelihood-Schätzer* damit gerade der relativen Häufigkeit $= \hat{\theta} = \frac{x}{n}$, im Beispiel von oben also $\hat{\theta} = \frac{15}{25} = 0.6$. Abb. 3.2 zeigt den Verlauf der Likelihood-Funktion: Für sehr niedrige bzw. hohe Werte von $\theta$ in der Nähe von 0 oder 1 ist diese sehr gering und steigt mit wachsendem Abstand von den Rändern der x-Achse an, bis sie

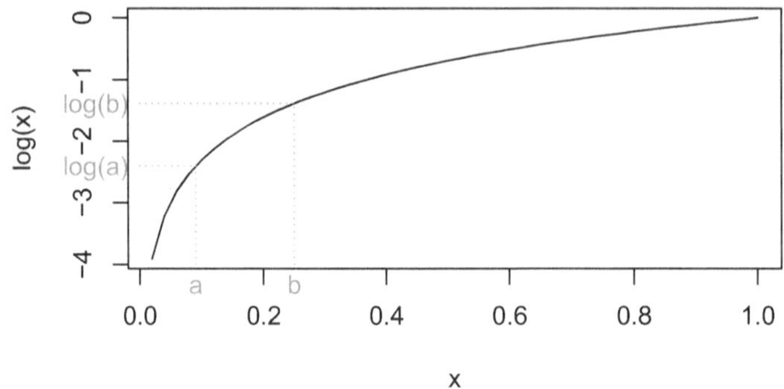


**Abb. 3.1** Strenge Monotonie der Logarithmusfunktion

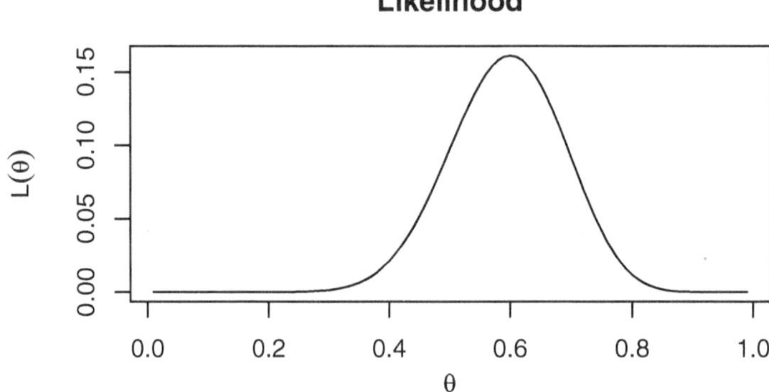


**Abb. 3.2** Verlauf der Likelihood-Funktion für $n = 25$ Wiederholungen bei einem $x = 15$-mal eingetretenen Ereignis

im Wert $\theta = 0.6$ ihr Maximum von $L(\theta|x = 15) = 0.1612$ annimmt. Die Stelle $\theta = 0.6$ ist der Maximum-Likelihood-Schätzer $\hat{\theta}$. Der Vollständigkeit halber sei erwähnt, dass die zweite Ableitung der Log-Likelihood $-\underbrace{\frac{x}{\theta^2}}_{\geq 0} - \underbrace{\frac{n-x}{(1-\theta)^2}}_{\geq 0}$ für beliebige Werte $\theta$ zwischen 0 und 1 immer negativ ist, da zumindest einer der beiden Summanden $\frac{x}{\theta^2}$ oder $\frac{n-x}{(1-\theta)^2}$ echt positiv sein muss. $\hat{\theta}$ ist also wirklich eine Maximalstelle der Likelihood-Funktion.

## 3.3 Klassifikation mit logistischer Regression

▶ **Beispiel einer Verfahrensklasse zur Klassifikation**
Im vorangehenden Beispiel wurden zur Bestimmung von $\hat{\theta}$ keine zusätzlichen erklärenden Variablen $X$ verwendet. Dies lässt sich mit der Verwendung des Mittelwerts zu Minimierung des MSE in Abschn. 2.4 vergleichen. Hier wird angenommen, dass der Wert von $\theta$ für alle beobachteten Wiederholungen

derselbe ist. Ziel im maschinellen Lernen ist es dagegen, den Wert der Zielvariable $Y$ beobachtungsspezifisch als Funktion $f(X)$ der erklärenden Variablen $X$ vorherzusagen. In der *Klassifikation* weist die Zielvariable dabei einen kategorialen Datentyp auf. Im einfachsten Fall der *binären Klassifikation* von nur zwei Klassen lässt sich die Zielvariable durch eine Variable $Y$ beschreiben, die nur die Werte 0 oder 1 annehmen kann, je nachdem, welche Klasse vorliegt. In Fallstudie 2 ist dies die Variable `default`, und die Werte 0 und 1 entsprechen den Ausprägungen `no` bzw. `yes`.
Eines der am weitesten verbreiteten Verfahren zur Klassifikation ist die *logistische Regression*. Diese ist im Prinzip eine Erweiterung der Binomialverteilung aus dem letzten Beispiel mit dem Unterschied, dass die unbekannte Wahrscheinlichkeit $\theta$ nun nicht mehr für alle Beobachtungen die Gleiche sein muss. Es gilt nicht mehr für sämtliche Beobachtungen $Y_i, i = 1, \ldots, n$ die identische Dichtefunktion[4]

$$p(y_i|\theta) = \theta^{y_i}(1-\theta)^{(1-y_i)},$$

sondern es existieren individuelle Wahrscheinlichkeiten $\theta_i$, und es ist:

$$p(y_i|\theta_i) = \theta^{y_i}(1-\theta)^{(1-y_i)}.$$

Für die Likelihood-Funktion über alle Beobachtungen des gesamten beobachteten Trainingsdatensatzes ergibt sich:

$$L(\theta) = L(\theta_1, \ldots, \theta_n) = p(y_1, \ldots, y_n|\theta_1, \ldots, \theta_n) = \prod_{i=1}^{n} \theta_i^{y_i} \cdot (1-\theta_i)^{(1-y_i)}$$

und als Log-Likelihood:

$$l(\theta) = \log L(\theta) = \sum_{i=1}^{n} \underbrace{y_i \cdot \log(\theta_i)}_{=0 \text{ für } y_i=0} + \underbrace{(1-y_i) \cdot \log(1-\theta_i)}_{=0 \text{ für } y_i=1}.$$

Die individuellen Wahrscheinlichkeiten $\theta_i$ sind unbekannt und sollen durch das Modell $f(X)$ anhand anderer, erklärender Variablen $X$ vorhergesagt werden, für eine individuelle Beobachtung ergibt sich also: $\theta_i = f(x_i)$. Ersetzt man in der Log-Likelihood $\theta_i$ durch $f(x_i)$, zeigt sich, dass die zu maximierende Log-Likelihood-Funktion gerade dem Negativen der (zu minimierenden) *Log-Loss-Verlustfunktion* (oder auch *„binary cross-entropy“*)

$$L(Y, f(X)) = -\left(y_i \cdot \log(f(x_i)) + (1-y_i) \cdot \log(1-f(x_i))\right)$$

[4] Der Binomialkoeffizient aus dem vorangehenden Beispiel verschwindet für die individuellen Beobachtungen, da es keine Wiederholungen gibt. Man spricht auch von einer Bernoulli-Verteilung.

aus Abschn. 2.3 über alle Beobachtungen entspricht.
Die Modellklasse $f(X)$ der logistischen Regression gibt zunächst, wie auch in der linearen Regression, für die erklärenden Variablen einen linearen Zusammenhang der Form

$$\beta_0 + \beta_1 X_1 + \ldots + \beta_p X_p$$

vor. Anders als in der linearen Regression wird in der logistischen Regression allerdings nicht die Zielvariable $Y_i$ selbst (die ja nur die Werte 0 und 1 annehmen kann) vorhergesagt, sondern die unbeobachteten Wahrscheinlichkeiten $\theta_i$. Die Verknüpfung zwischen den erklärenden Variablen und den vorherzusagenden $\theta_i$ erfolgt über eine sogenannte *Linkfunktion,* in der logistischen Regression ist dies die *Logit-Linkfunktion:*

$$\log\left(\frac{\theta_i}{1-\theta_i}\right) = \beta_0 + \beta_1 x_{i1} + \ldots + \beta_p x_{ip},$$

$x_{ij}$ bezeichnet dabei den Wert von Beobachtung $i$ in der Variable $X_j$. Ersetzt man die Summe auf der rechten Seite der Gleichung, um Schreibaufwand abzukürzen, durch $z$, so erhält man:

$$\begin{aligned}
& \log\left(\frac{\theta_i}{1-\theta_i}\right) = && z \\
\Leftrightarrow\quad & \frac{\theta_i}{1-\theta_i} = && e^z \\
\Leftrightarrow\quad & \theta_i = && (1-\theta_i)\cdot e^z \\
\Leftrightarrow\quad & \theta_i = && e^z - \theta_i \cdot e^z \\
\Leftrightarrow\quad & \theta_i + \theta_i \cdot e^z = && e^z \\
\Leftrightarrow\quad & \theta_i \cdot (1+e^z) = && e^z \\
\Leftrightarrow\quad & \theta_i = && \frac{e^z}{(1+e^z)}.
\end{aligned}$$

Nach dieser Umformung lässt sich erkennen, dass die Logit-Linkfunktion der logistischen Regression gerade der sigmoiden Aktivierungsfunktion neuronaler Netzwerke aus dem letzten Kapitel entspricht.
Ähnlich wie schon die lineare Regression lässt sich auch die logistische Regression als neuronales Netzwerk ohne versteckte Schicht auffassen. Wird als Verlustfunktion der Log loss verwendet, entspricht dies gerade der Maximum-Likelihood-Methode. Ersetzt man nun $z$ in der letzten Gleichung wieder zurück, ergibt sich:

$$\theta_i = \frac{e^{\beta_0 + \beta_1 x_{i1} + \ldots + \beta_p x_{ip}}}{1 + e^{\beta_0 + \beta_1 x_{i1} + \ldots + \beta_p x_{ip}}} = f(x_i).$$

Die vorhergesagten $\theta_i$ hängen also als Funktion von den erklärenden Variablen $X_1, \ldots, X_p$ ab. In der logistischen Regression wird somit nicht der Wert von

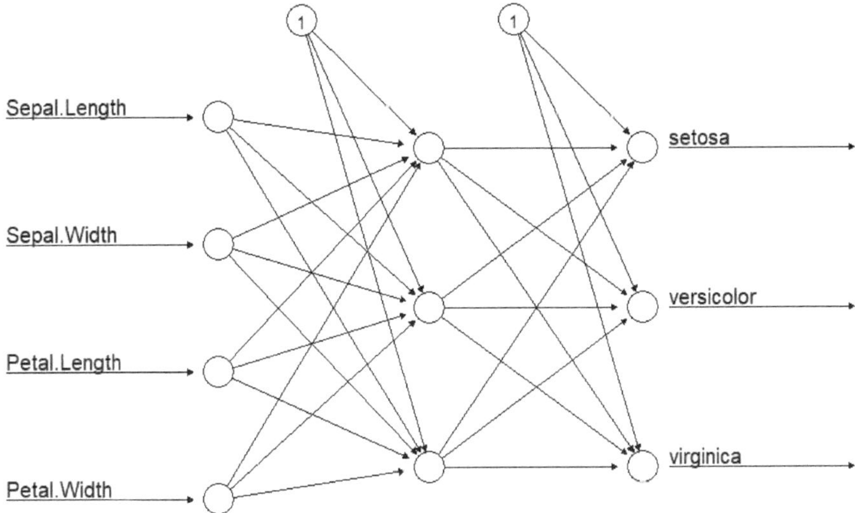


**Abb. 3.3** Vorwärtsgerichtetes neuronales Netzwerk mit einer versteckten Schicht auf den Iris-Daten

$Y_i$ selbst vorhergesagt, sondern $\theta_i$, die Wahrscheinlichkeit für das Vorliegen der Klasse $Y_i = 1$. Man spricht auch von der *A-posteriori-Wahrscheinlichkeit*. Mithilfe der Maximum-Likelihood-Methode werden die Modellkoeffizienten $\hat{\beta}_0, \ldots, \hat{\beta}_p$ gefunden, die die beobachteten Trainingsdaten so realistisch wie möglich erscheinen lassen.

## 3.4 Klassifikation mit neuronalen Netzen

► **Beispiel einer weiteren Verfahrensklasse zur Klassifikation**
Im vorangegangenen Beispiel wurde bereits gezeigt, dass neuronale Netze durch Verwendung der Log-Loss- bzw. Binary-Cross-Entropy-Verlustfunktion auch für Klassifikationsprobleme eingesetzt werden können.
Abb. 3.3 zeigt ein vorwärtsgerichtetes neuronales Netzwerk mit einer versteckten Schicht für den bekannten Iris-Datensatz, der auf Fisher (1936) zurückgeht und z. B. im UCI Machine Learning Benchmark Repository[5] zum Download verfügbar ist (Fisher, 1936). Die Daten enthalten drei unterschiedliche Sorten (Variable: „species") von Irisblumen, von denen jeweils die Länge und Breite des Blütenblatts (engl. „petal") und Kelchblatts (engl. „sepal") gemessen wurden. Ziel ist es, anhand der gemessenen Daten die Spezies (setosa, versicolor oder virginica) vorherzusagen.
Anders als in der im letzten Beispiel behandelten logistischen Regression liegt hier ein *Multiklassen-Klassifikationsproblem* vor. Das neuronale Netz hat drei

[5] https://archive.ics.uci.edu/dataset/53/iris.

Outputneuronen, für jede Klasse eines. Ziel ist es, im Neuron der jeweils vorliegenden Klasse einen Wert möglichst nahe an 1 vorherzusagen und einen Wert nahe 0 für alle anderen Klassen.
Da sich die vorhergesagten Werte über alle Outputneuronen $Y_k$ für eine Beobachtung nicht notwendigerweise zu 1 aufsummieren, lassen sich die vorhergesagten Werte nicht als (A-posteriori-)Wahrscheinlichkeiten interpretieren. Aus diesem Grund hat sich eine anschließende *Softmax-Transformation* etabliert:

$$\hat{\theta}_k = \frac{e^{\hat{y}_k}}{\sum_{j=1}^{K} e^{\hat{y}_j}}, \quad k = 1, \ldots, K.$$

Im Gegensatz zu den beobachtungsspezifischen $\theta_i$ bei der Einführung der logistischen Regression in Abschn. 3.3 bezeichnet das Subskript $k$ hier den Index des Outputneurons für eine einzelne Beobachtung und $K$ als Anzahl an Klassen. $\hat{y}_k$ ist der durch das neuronale Netz vorhergesagte Wert für Klasse $k$ vor Anwendung der Softmax-Transformation. Hierbei ist zu beachten, dass sich die Indizes von denen der Einführung neuronaler Netze in Abschn. 2.6 unterscheiden, bei der die Subskripte $j$ und $k$ den Variablenindex bzw. die versteckte Schicht bezeichnen.

## 3.5 Fallstudie 2: Vorhersage von Kreditausfällen

Im Credit Scoring stellen logistische Regressionsmodelle den Goldstandard dar. In einem ersten Schritt, werden die Ausprägungen der Zielvariable `default` betrachtet: In der R-Funktion `glm()` wird standardmäßig das Auftreten der letzten Kategorie modelliert, in diesem Fall also die Wahrscheinlichkeit für einen Kreditausfall (`default == 'yes'`).

```
# Ausprägungen der Zielvariable:
levels(credit$default)
```

```
[1] "no"  "yes"
```

Eine logistische Regression lässt sich als Spezialfall einer allgemeineren Klasse von Modellen, den sogenannten *generalisierten linearen Modellen (GLMs)* auffassen (McCullagh & Nelder, 1989). Aus diesem Grund erfolgt die Modellierung in R über die Funktion `glm()`, wobei zusätzlich die Verteilungsfamilie `family = 'binomial'` spezifiziert werden muss.

```
# Erstellen eines logistischen Regressionsmodells.
lr.mod <- glm(default ~ ., credit, family = "binomial")
summary(lr.mod)
```

```
Call:
glm(formula = default ~ ., family = "binomial", data = credit)

Coefficients:
                          Estimate Std. Error z value Pr(>|z|)
(Intercept)              -0.822448   0.178291  -4.613 3.97e-06
status(-Inf,0)           -0.489245   0.179170  -2.731 0.006322
status[0,200)            -1.112585   0.330946  -3.362 0.000774
status[200,Inf] or salary -2.018670  0.202057  -9.991  < 2e-16
duration                  0.037386   0.006133   6.096 1.09e-09
---
Signif. codes:  0 '***' 0.001 '**' 0.01 '*' 0.05 '.' 0.1 ' ' 1

(Dispersion parameter for binomial family taken to be 1)

    Null deviance: 1221.7  on 999  degrees of freedom
Residual deviance: 1051.9  on 995  degrees of freedom
AIC: 1061.9

Number of Fisher Scoring iterations: 4
```

Wie auch in Fallstudie 1 in der linearen Regression lassen sich die Effekte der erklärenden Variablen auf die prognostizierte Kreditausfallwahrscheinlichkeit aus der Spalte `Estimate` ablesen. Der Effekt der Variable `duration` ist positiv ($\beta_{\text{duration}} = 0.037386$), eine längere Rückzahldauer führt also zu einem erhöhten Ausfallrisiko. Für die Variable `status` gibt es drei verschiedene Effekte. Es wird ein separater Effekt für jede mögliche Ausprägung geschätzt, wobei diese jeweils im Vergleich zum *Referenzlevel* `status == 'no account'` zu interpretieren sind. Alle Effekte sind negativ, d. h., für alle anderen Kategorien ist das prognostizierte Kreditausfallrisiko im Vergleich geringer.

Für eine tiefergehende Interpretation der Effekte aus der logistischen Regression bedient man sich häufig der *Odds*, die beispielsweise auch zur Beschreibung von Wettquoten im Sport gebräuchlich sind. Diese beschreiben das Chancenverhältnis aus Wahrscheinlichkeit und Gegenwahrscheinlichkeit $\frac{\theta}{1-\theta}$. Die Logit-Linkfunktion in der logistischen Regression entspricht gerade den logarithmierten Odds.

Der Effekt einer erklärenden Variable lässt sich interpretieren als Faktor, um den sich die Odds ändern. Für die Variable `duration` lässt sich dieser wie folgt ermitteln:

```
# Effekt der Variable duration.
exp(1 * 0.037386)      # ...pro Monat.
```

```
[1] 1.038094
```

```
exp(12 * 0.037386) # ...pro Jahr.
```

```
[1] 1.566168
```

Hierfür muss mit der Funktion `exp()` die durch die Logit-Linkfunktion vorgenommene Logarithmustransformation invertiert werden. Wie man erkennen kann, ändert eine um einen Monat längere oder kürzere Kreditlaufzeit das Chancenverhältnis nur geringfügig um einen Faktor von etwa `1.038`. Bei einer um 12 Monate geänderten Kreditlaufzeit ist dieser Faktor allerdings bereits größer als `1.5`.

Der Vollständigkeit halber sei hier auch noch exemplarisch der Effekt eines Kontostatus mit `'Saldo >= 200 / salary'` bestimmt:

```
# Effekt der Kategorie 'Saldo>= 200 / salary' bezogen auf die
# Referenzkategorie.
exp(-2.01867)
```

```
[1] 0.132832
```

Dieser bezieht sich auf den Vergleich mit der Referenzkategorie, also `status == 'no account'` und berechnet sich als $e^{-2.01867} \approx 0.133$. Kunden mit Gehaltskonto oder klar positivem Saldo weisen also im Vergleich ein deutlich geringeres Kreditrisiko auf.

Vorhersagen (hier für die ersten fünf Beobachtungen) lassen sich, wie gewohnt, mit der `predict()`-Methode erstellen.

```
# Erstellen von Vorhersagen.
predict(lr.mod,credit[1:5,])
```

```
        673         281         439         831         413
-0.63874616 -1.71071728  0.18697172  0.03420001 -2.39248691
```

Offensichtlich sind die vorhergesagten Werte jedoch keine Wahrscheinlichkeiten. Stattdessen wird standardmäßig der prognostizierte Wert der Logit-Funktion vorhergesagt. Möchte man stattdessen die prognostizierten A-posteriori-Wahrscheinlichkeiten für einen Kreditausfall ausgeben, geht dies über das `type = 'response'`-Argument:

```
# Vorhersage von A-posteriori-Wahrscheinlichkeiten.
predict(lr.mod,credit[1:5,],type = "response")
```

```
      673       281       439       831       413
0.3455300 0.1530707 0.5466072 0.5085492 0.0837474
```

```
# Alternativ, Berechnung per Hand:
logit <- predict(lr.mod, credit[1:5,])
exp(logit) / (1+exp(logit))
```

```
      673       281       439       831       413
0.3455300 0.1530707 0.5466072 0.5085492 0.0837474
```

Die vorhergesagten Wahrscheinlichkeiten lassen sich als Risikoscore interpretieren: Je höher der Wert, desto größer ist das Risiko eines Kreditausfalls. Der nachstehende Violinenplot[6] stellt die Verteilung der prognostizierten Werte für beide Klassen gegenüber.

```
# Einbinden der Bibliothek ggplot2.
library(ggplot2)

# Erstellen der Vorhersagen.
predictions <- predict(lr.mod, credit, type = "response")

# Erstellen einer Tabelle mit den, für die Grafik...
# ...benötigten Variablen.
df <- data.frame(predictions, default = credit$default)

# Erstellen eines Violinenplots.
ggplot(df, aes(x = default, y = predictions, fill = default)) +
  geom_violin() +
  scale_fill_manual(values = c(yes = "#E69F00", no = "#56B4E9"))
```

Man kann in der Grafik erkennen, dass durch das Modell vielen Krediten, die vollständig zurückgezahlt wurden, geringe Ausfallwahrscheinlichkeiten zugewiesen werden. Die vorhergesagten Werte für die nicht zurückgezahlten Kredite streuen dagegen deutlich stärker (Abb. 3.4).

Zum Vergleich soll im Folgenden zusätzlich ein neuronales Netzwerk trainiert werden. Die Inputneuronen des Netzwerks müssen numerisch sein, was für die erklärende Variable `status` nicht gegeben ist. In solchen Fällen hat sich ein vorgeschaltetes *„one-hot encoding“* der Daten etabliert, das mithilfe der Funktion `model.matrix()` durchgeführt werden kann. Jede der Kategorien wird durch eine neu erstellte Variable beschrieben, die den Wert 1 annimmt, wenn die betrachtete Kategorie vorliegt, und 0 sonst.

[6] Eine Beschreibung von Violinenplots und Mosaikplots findet sich z. B. in Wilke (2020), Kap. 9.

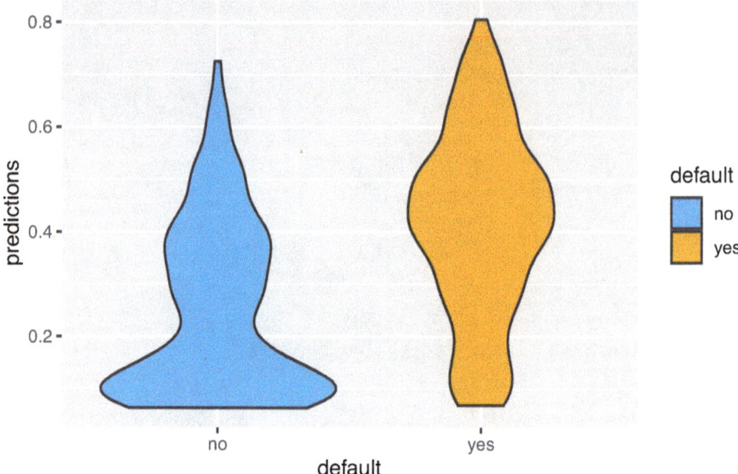


**Abb. 3.4** Vergleich der Verteilung der vorhergesagten Risikoscores für beide Klassen

```
# One-hot encoding der kategorialen Variable status.
status_one_hot <- model.matrix(~ credit$status-1)

# Ersetzen der ursprünglichen Variable status.
credit_oh <- data.frame(status_one_hot, credit[,-1])
head(credit_oh)
```

```
  credit.statusno.account credit.st...Inf.0 credit.st...0.200
1                       0                 1                 0
2                       0                 0                 1
3                       1                 0                 0
4                       0                 1                 0
5                       0                 0                 0
6                       1                 0                 0
  credit.status.200.Inf..or.salary duration default
1                                0       18      no
2                                0        6      no
3                                0       27      no
4                                0       36     yes
5                                1       12      no
6                                0       12      no
```

Das Trainieren erfolgt ähnlich zu Fallstudie 1. Es wird erneut ein Netzwerk mit einer versteckten Schicht aus zwei Neuronen trainiert. Über `default == 'yes'` in der Formel wird festgelegt, welche Ausprägung der Zielvariable vorhergesagt werden soll. Durch das Argument `linear.output = FALSE` wird eine logistische Aktivierungsfunktion für das Outputneuron vorgegeben.

```
# Einbinden der Bibliothek.
library(neuralnet)

# Reproduzierbare Initialisierung der Gewichte.
set.seed(42)

# Trainieren des Netzwerks.
nn <- neuralnet(default == "yes" ~ .,  data = credit_oh,
                hidden = 2,
                linear.output = FALSE)

# Darstellen des Netzwerks.
# plot(nn)
```

Genau wie zuvor bereits für die logistische Regression können nun Vorhersagen erstellt und visualisiert werden (Abb. 3.5).

```
# Erstellen der Vorhersagen für die Klasse default == 'yes'.
pred_nn <- predict(nn, credit_oh)

# Erstellen einer Tabelle mit den für die Grafik...
# ...benötigten Variablen.
df_nn <- data.frame(pred_nn, default = credit$default)

# Erstellen eines Violinenplots.
ggplot(df_nn, aes(x = default, y = pred_nn, fill = default)) +
  geom_violin() +
  scale_fill_manual(values = c(yes = "#E69F00", no = "#56B4E9"))
```

## 3.6 Zusammenfassung und Ausblick

▶ **Rückblick: Wesentliche Inhalte**

- Likelihood-Funktion
- Log-Likelihood
- Binomialverteilung
- Logistische Regression
- Logit-Transformation
- Log loss und Cross-entropy
- Softmax-Transformation

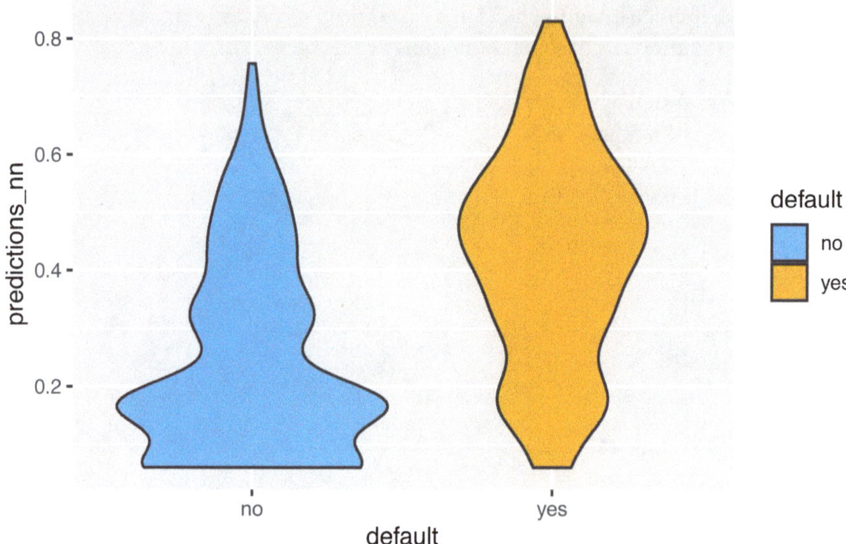


**Abb. 3.5** Vergleich der Verteilung der vorhergesagten Risikoscores für beide Klassen

**Übungsaufgaben**

1. Plotten Sie die Likelihood der Binomialverteilung für $n = 18$ und $x = 8$.
2. Lesen Sie die Daten `xycl.csv` ein und erstellen Sie ein logistisches Regressionsmodell zur Vorhersage von `y == "A"` mithilfe der Funktion `glm()` (`family = binomial`).
3. Rufen Sie die `summary()` von Ihrem Modell auf. Wie lauten die geschätzten Regressionskoeffizienten?
4. Nutzen Sie die `predict()`-Methoden (`type = "response"`), um Vorhersagen zu erstellen. Stellen Sie die Vorhersagefunktion im Bereich $-4 \leq x \leq 6$ grafisch dar.
5. Wie hoch ist $\theta_i$ bei einer logistischen Regression für $\beta_0 + \beta_1 x_{i1} + \ldots + \beta_p x_{ip} = 0$?
6. Nutzen Sie die Funktion `neuralnet` des Pakets `{neuralnet}`, um y durch x vorherzusagen. Verwenden Sie eine versteckte Schicht mit zwei Neuronen und setzen Sie diesmal `linear.output = FALSE`, um eine logistische Aktivierungsfunktion zu verwenden.
7. Erstellen Sie Vorhersagen für $-4 \leq x \leq 6$. Welche Struktur hat das Outputobjekt?
8. Visualisieren Sie die Vorhersagefunktion der A-posteriori-Wahrscheinlichkeiten für `y == "A"`.
9. Wiederholen Sie die Schritte 6. bis 9. für unterschiedliche Anzahlen versteckter Schichten/Neuronen je versteckter Schicht.

10. Am Output eines neuronalen Netzwerks liegen die Werte $Y_1 = 0.4$, $Y_2 = 0.8$ und $Y_3 = 0.1$ vor. Berechnen Sie die A-posteriori-Wahrscheinlichkeiten der drei Klassen mithilfe der Softmax-Transformation.

**Hinweise zu weiterführender Literatur**

- Zur Maximum-Likelihood-Methode und zu Dichtefunktionen: Genschel und Becker (2005), Abschn. 3.5 (S. 115 ff.)
- Zur logistischen Regression: Hastie, James et al. (2021), Abschn. 4.4
- Zu neuronalen Netzen zur Klassifikation: Bishop und Bishop (2024), Abschn. 5.4

# 4 Optimierung

## 4.1 Newton-Verfahren

In den vorangegangenen Kapiteln wurde gezeigt, dass im maschinellen Lernen aus einer Menge von Funktionen $f(X)$ diejenige gesucht wird, die eine Verlustfunktion $L(Y, f(X))$ minimiert bzw. alternativ die Likelihood-Funktion maximiert. Die Menge der Funktionen ist dabei durch die Modellklasse vorgegeben, z. B. lineare Regression. Diese gibt die allgemeine Modellgleichung und ihre Parameter vor, wie im linearen Regressionsmodell die Koeffizienten $\beta_0, \ldots, \beta_p$. Die zu minimierende Funktion ergibt sich damit über die Verkettung von $L()$ und $f()$ als Funktion der Modellparameter für die beobachteten Werte von $X$ und $Y$ in den Trainingsdaten. Bezüglich dieser Parameter wird nun nach der besten Funktion gesucht.

Eine Möglichkeit, um den Maximal- oder Minimalwert einer Funktion (hier: der Verlustfunktion) zu bestimmen, ist es, die Ableitung dieser Funktion gleich 0 zu setzen und anschließend zu überprüfen, ob die 2. Ableitung der Funktion an der entsprechenden Stelle ungleich 0 ist, so wie dies für die Likelihood-Funktion der Binomialverteilung in Abschn. 3.2 gezeigt wurde. Nicht immer lassen sich die Nullstellen einer Funktion jedoch einfach bestimmen. In solchen Situationen kann das *Newton-Verfahren* helfen.

Das Newton-Verfahren ist ein *Algorithmus* zur schrittweisen bzw. *iterativen*, näherungsweisen Bestimmung von Nullstellen einer Funktion $h(x)$. Diese muss allerdings differenzierbar sein. Die Schritte des Verfahrens sind wie folgt:

1. *Initialisiere* den Algorithmus mit einem beliebigen Startwert $x$.
2. Berechne $h(x)$ und $h'(x)$.
3. Bestimme $x_{neu} = x - \frac{h(x)}{h'(x)}$ an der Stelle $x$.
4. Wenn der Abstand $|x_{neu} - x|$ klein genug ist, kann gestoppt werden und $x_{neu}$ liegt in unmittelbarer Nähe einer Nullstelle.
5. Ansonsten setze $x = x_{neu}$ und fahre mit Schritt 2. fort.



G. Szepannek, *Grundprinzipien des maschinellen Lernens*,
https://doi.org/10.1007/978-3-662-73200-7_4

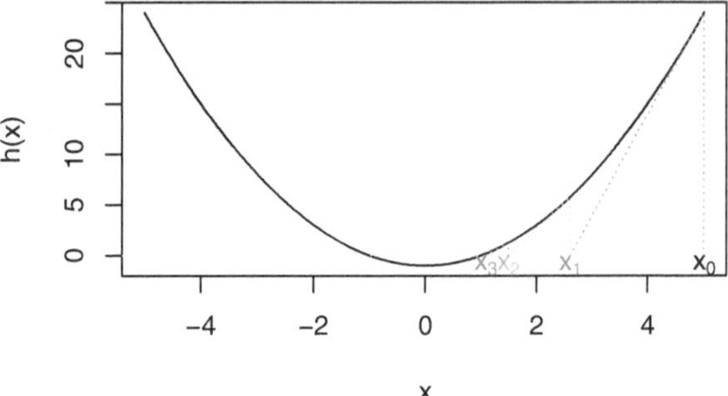


**Abb. 4.1** Die ersten drei Iterationsschritte des Newton-Verfahrens für $h(x) = x^2 - 1$ mit einem Startwert von $x = 5$

Abb. 4.1 veranschaulicht das Newton-Verfahren: In jeder Iteration wird die Nullstelle berechnet, die sich ergeben würde, wenn $h(x)$ eine lineare Funktion wäre. Der so berechnete Wert für $x$ ist der Ausgangspunkt für den nächsten Schritt. Im Beispiel kommt der Wert $x = 1.081205$ nach der dritten Iteration der tatsächlichen Nullstelle $x = 1$ schon recht nahe. Man beachte aber, dass dies von der Initialisierung abhängig ist. Im Beispiel liegen zwei Nullstellen vor (bei –1 und 1). Mit einer Initialisierung von $x = 5$ wird nur die größere der beiden Nullstellen gefunden.

Achtung: Das Newton-Verfahren findet nicht das Minimum der betrachteten Funktion, sondern nur eine Nullstelle. Da das Minimum einer differenzierbaren Funktion jedoch an dieser Stelle in der Ableitung eine Nullstelle aufweist, genügt es, die Ableitung der betrachteten Funktion zu bilden und in dieser eine Nullstelle mithilfe des Newton-Verfahrens zu bestimmen.

## 4.2 Trainieren neuronaler Netze und Boosting

▶ **Beispiel: Optimierung der Verlustfunktion in neuronalen Netzen**
Die meisten Modelle haben nicht nur einen, sondern mehrere Parameter, die aus den Daten gelernt werden müssen. Die Modellparameter liegen dann als Vektor vor. In den betrachteten Beispielen sind dies z. B. in der linearen Regression die Koeffizienten $(\beta_0, \dots, \beta_p)$ oder die Gewichte bei neuronalen Netzen.
Auch im Falle von mehr als einem Parameter lässt sich das Minimum der Verlustfunktion über Ableitungen bestimmen: Ausgehend von einem Startwert werden die *partiellen Ableitungen* an der Stelle des Startwerts für jeden Parameter separat bestimmt. Der Vektor aller partiellen Ableitungen beschreibt den *Gradienten* und gibt die Richtung des steilsten Anstiegs an. Mit einem Schritt in die entgegengesetzte Richtung lässt sich die Verlustfunktion am stärksten verbessern (vgl. Abb. 4.2). Der Startwert wird nun um eine vorgegebene *Schrittlänge* in dieser Richtung verändert. Anschließend wird die Prozedur ausgehend von dem neuen Wert wiederholt, so lange, bis ein *Abbruchkriterium* wie eine geringe Änderung der Parameter oder eine maximale Anzahl an Schritten erreicht wird. Diese Methode zur Minimierung einer (Verlust-)Funktion wird auch als *Gradientenabstieg* (engl. *„gradient descent“*) bezeichnet. Im Beispiel von neuronalen Netzen werden die Inputwerte über die unterschied-

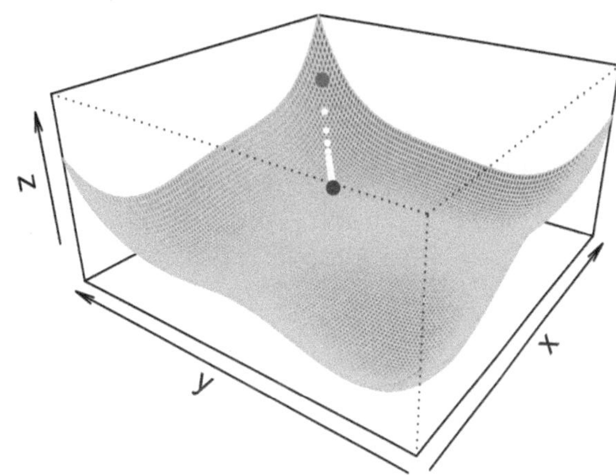


**Abb. 4.2** Veranschaulichung des Gradientenabstiegverfahrens anhand der Himmelblaufunktion $z = h(x, y) = (x^2 + y - 11)^2 + (x + y^2 - 7)^2$ (vgl. Himmelblau, 1972): Ausgehend vom Startwert $(x, y) = (6, 6)$ (oberer Punkt) werden die $x$- und $y$-Werte schrittweise in Richtung des steilsten Gefälles verändert. Nach 100 Iterationsschritten ergibt sich ein Wert von $(x, y) = (3.4, 3.4)$ (unterer Punkt). Beispiel angelehnt an stackoverflow.com/questions/36618359/plot-vectors-of-gradient-descent-in-r

lichen Neuronen von Layer zu Layer weitergegeben (oder: propagiert), und es ergibt sich eine verschachtelte Funktion (vgl. Abschn. 2.6 für ein Netzwerk mit einer versteckten Schicht). Die Ableitung der Verlustfunktion ergibt sich über eine (ggf. mehrfache) Anwendung der Kettenregel. Die Optimierung der Gewichte mithilfe des Gradientenabstiegsverfahrens wird auch als *Backpropagation* bezeichnet. Eine anschauliche und ausführliche Darstellung findet sich in Rashid (2017).

Eine andere Verfahrensklasse, die ebenfalls das Gradientenabstiegsverfahren zur Minimierung der Verlustfunktion nutzt, ist *Gradient Boosting* (Friedman, 2001) sowie der darauf basierende *xgboost-Algorithmus* (Chen & Guestrin, 2016).

## 4.3 K-Means-Clusteranalyse

► **Beispiel unüberwachtes Lernen: Konvergenz des K-Means-Algorithmus**

Im Gegensatz zum überwachten Lernen gibt es im *unüberwachten Lernen* keine Zielvariable $Y$. In der *Clusteranalyse* sollen dabei Gruppen von Beobachtungen („Cluster") gefunden werden, die einander ähneln. Für numerische Variablen $X_j$ ist eine intuitive Interpretation von (Un-)Ähnlichkeit zweier Beobachtungen $x_1$ und $x_2$ durch deren *euklidischen Abstand* $||x_2 - x_1||$ gegeben. Abb. 4.3 veranschaulicht dies für zwei Beobachtungen $x_i = \begin{pmatrix} x_{i1} \\ x_{i2} \end{pmatrix}$ am Beispiel von zwei Variablen. Für mehr als zwei Variablen erweitert sich die Summe unter der Wurzel um die quadrierten Differenzen in den weiteren Variablen.

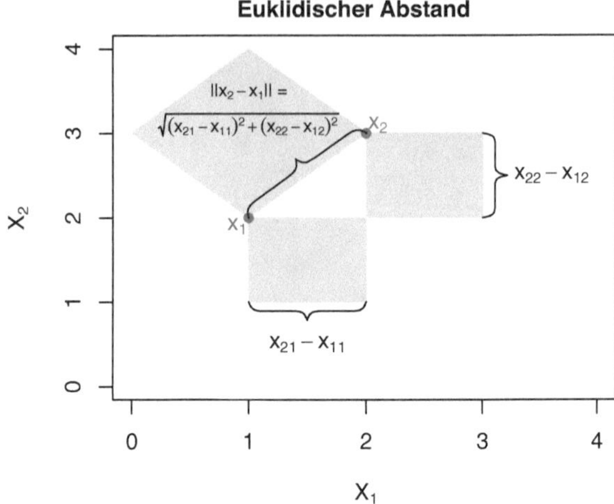


**Abb. 4.3** Berechnung des euklidischen Abstands über den Satz des Pythagoras. Das Subskript enthält zuerst den Beobachtungs- und dann den Variablenindex

Eines der bekanntesten Verfahren zur Clusteranalyse ist der *K-Means-Algorithmus*. Dieser weist jede Beobachtung $x_i$ einem von $K$ Clustern zu, die durch ihr Clusterzentrum $\bar{x}_k$ repräsentiert werden. Weder die Zuordnung der Beobachtungen zu den Clustern noch die Clusterzentren sind dabei zu Beginn bekannt. Die zu minimierende Verlustfunktion im K-Means-Algorithmus entspricht der Summe der quadrierten Abweichungen der Beobachtungen von ihrem jeweiligen Clusterzentrum:

$$L(X, f(X)) = \sum_{i=1}^{n} ||x_i - \bar{x}_{k(i)}||^2,$$

mit $n$ der Gesamtzahl an Beobachtungen und $k(i)$ dem Clusterindex, der Beobachtung $x_i$ durch das gesuchte Modell $f(x_i)$ zugewiesen wird. Anschaulich bedeutet dies, dass alle Beobachtungen möglichst nah an einem Clusterzentrum liegen sollen.

Der Algorithmus zur Minimierung der Verlustfunktion besteht aus den folgenden Schritten:

1. Wähle initial zufällig $K$ unterschiedliche Beobachtungen aus den Daten aus. Diese bilden die initialen *Clusterzentren* $\bar{x}_k, k = 1, \ldots, K$.
2. Weise jeder Beobachtung $i$ den Index $k \in \{1, \ldots, K\}$ des nächsten Clusterzentrums zu:

$$k(i) := k(x_i) = \arg\min_k \underbrace{\sqrt{\underbrace{||x_i - \bar{x}_k||^2}_{=\sum_{j=1}^{p}(x_{ij} - \bar{x}_{kj})^2}}}_{\text{euklidischer Abstand}},$$

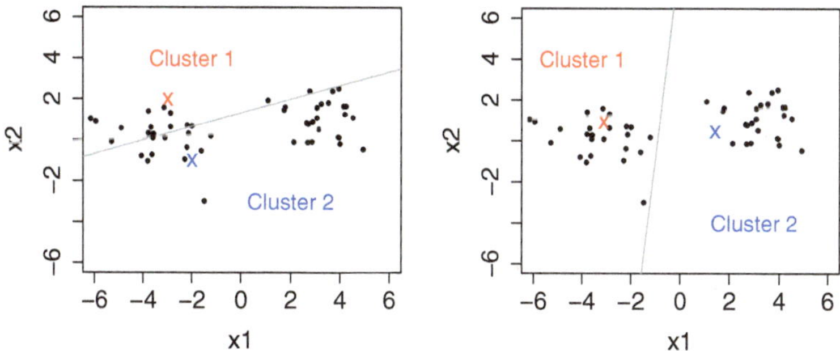


**Abb. 4.4** **a** Clusterzuordnung des K-Means-Algorithmus nach zufälliger Initialisierung auf simulierten Daten mit k = 2 Clustern. Die graue Linie beschreibt die Grenze zwischen beiden Clustern. **b** Veränderung der Clusterzentren und -zuordnung nach der ersten Iteration. Die Mehrheit der Beobachtungen aus Cluster 2 nach der ersten Zuordnung weist Werte $x_1 > 0$ auf. Deswegen verschiebt sich der neue Clustermittelwert (blaues Kreuz) deutlich nach rechts

wobei $j = 1, \ldots, p$ wieder den Variablenindex bezeichnet.

3. Auf Basis der zugeordneten Clusterindizes $k(i)$ werden anschließend die Clusterzentren aktualisiert und durch den jeweiligen Clustermittelwert ersetzt:

$$\bar{x}_k = \frac{1}{n_k} \sum_{i=1}^{n} I(k(x_i) = k) \cdot x_i .$$

Der Mittelwert wird hierbei für jede Variable separat gebildet, und $n_k$ entspricht der Anzahl an Beobachtungen, die dem Cluster $k$ zugeordnet werden.

4. Wenn sich in Schritt 3. keine Änderungen ergeben haben oder eine vorher festgelegte Anzahl an Iterationen erreicht ist, bricht der Algorithmus ab, ansonsten wird mit Schritt 2. fortgefahren.

Der K-Means-Algorithmus erfordert, die – in der Regel unbekannte – Clusteranzahl $K$ vorab festzulegen. Abb. 4.4 veranschaulicht die ersten Iterationen des K-Means-Algorithmus: Anhand zufällig initialisierter Clusterzentren (rotes und blaues Kreuz in Abb. 4.4a) ergibt sich eine erste Aufteilung in zwei Cluster entlang der grauen Linie. Anhand dieser Aufteilung werden die Clusterzentren aktualisiert (rotes und blaues Kreuz in Abb. 4.4b). Ordnet man die Beobachtung anhand der aktualisierten Zentren neu zu (graue Linie in Abb. 4.4b), erhält man die finale Clusterzuordnung. In einem letzten Schritt (nicht abgebildet) würden nun noch einmal abschließend die Zentren neu berechnet. In der Praxis sind in der Regel mehr als zwei Iterationsschritte erforderlich.

Es lässt sich zeigen, dass der K-Means-Algorithmus konvergiert:

1. Eine Beobachtung wird in Schritt 2. genau dann einem anderen Cluster $k^{neu}(i)$ zugeordnet, wenn gilt: $||x_i - \bar{x}_{k^{neu}(i)}||^2 < ||x_i - \bar{x}_{k(i)}||^2$. In diesem Fall verringert sich der Wert der Verlustfunktion $L$.

2. Für Schritt 3. gilt:

$$\begin{aligned} L = \sum_{i=1}^{n} ||x_i - \bar{x}_{k(i)}||^2 &= \sum_{k=1}^{K} \sum_{k(i)=k} ||x_i - \bar{x}_k||^2 \\ &= \sum_{k=1}^{K} \sum_{k(i)=k} \sum_{j=1}^{p} (x_{ij} - \bar{x}_{kj})^2 \\ &= \sum_{k=1}^{K} \sum_{j=1}^{p} \underbrace{\sum_{k(i)=k} (x_{ij} - \bar{x}_{kj})^2}_{(*)} . \end{aligned}$$

In der oberen Gleichung wird die Summe über alle Beobachtungen $i = 1, \ldots, n$ umgeschrieben: Stattdessen wird über alle Cluster $k = 1, \ldots, K$ summiert, für jeden Cluster aber nur genau über diejenigen Beobachtungen, die dem Cluster $k(i) = k$ zugeordnet werden. Da jede Beobachtung genau einem Cluster zugewiesen wird, sind beide Summen identisch. In der mittleren Gleichung wird ausgenutzt, dass sich der euklidische Abstand aus der Summe der quadrierten Differenzen in den einzelnen Variablen ergibt (vgl. Schritt 2 des Algorithmus).
Die Summe (*) wird minimiert, wenn in jeder Komponente $j$ des Clusterzentrums $\bar{x}_k$ der Clustermittelwert $\bar{x}_{kj}$ steht (vgl. Abschn. 2.4). Damit führt ein Update der Clustermittelwerte bezüglich der jeweils aktuellen Clusterzuordnung zu einer Verbesserung der Verlustfunktion, sofern dies noch möglich ist.
Jeder der beiden Iterationsschritte führt also dazu, dass die Verlustfunktion $L$ sich entweder verringert oder gleich bleibt. Da alle Summanden quadratisch und damit nicht negativ sind, muss dies auch für den Wert der Verlustfunktion gelten und sie ist nach unten beschränkt, kann sich also nicht beliebig verringern. Der K-Means-Algorithmus muss somit konvergieren.

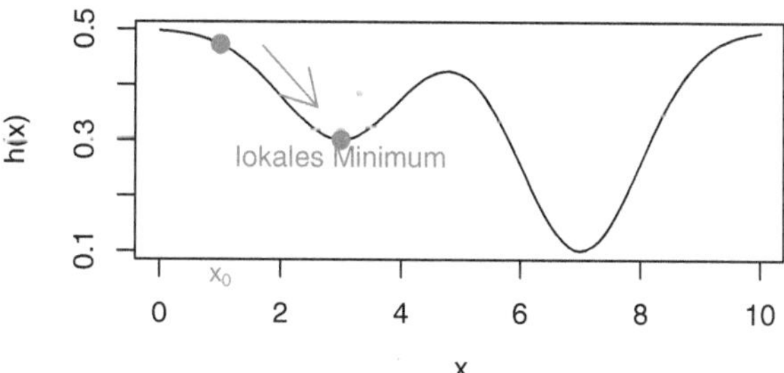


**Abb. 4.5** Veranschaulichung lokaler Konvergenz des Gradientenabstiegsverfahrens, abhängig vom Startwert $x_0$

## 4.4 Lokale Konvergenz

Im vorangehenden Beispiel wurde gezeigt, dass der K-Means-Algorithmus, ausgehend von einer beliebigen Initialisierung, stets konvergiert und ein Minimum der Verlustfunktion findet. Es kann jedoch vorkommen, dass bei einer anderen Initialisierung ein anderes Minimum gefunden werden würde. Eine durch zufällige Initialisierung gefundene Lösung ist somit zwar in jedem Fall ein *lokales Minimum,* allerdings nicht notwendigerweise auch das *globale Minimum* der Verlustfunktion. Abb. 4.5 veranschaulicht dies.

Das Problem, dass nur ein lokales, aber nicht das globale Minimum gefunden wird, besteht auch für Backpropagation in neuronalen Netzwerken und kann allgemein bei Gradientenverfahren auftreten. Ein Ausweg besteht darin, ein Modell mehrfach mit unterschiedlichen Startwerten zu trainieren, sich den jeweiligen Wert der Verlustfunktion ausgeben zu lassen und die beste Lösung auszuwählen (vgl. z. B. Aschenbruck et al., 2023).

## 4.5 Genetische Algorithmen

### 4.5.1 Algorithmus

Genetische Algorithmen bilden eine flexible Klasse von Optimierungsverfahren. Durch die Integration von Zufall in die Suchstrategie soll vermieden werden, dass der Algorithmus in ein lokales Optimum konvergiert, sondern stattdessen das globale Optimum findet. Darüber hinaus sind genetische Algorithmen nicht darauf beschränkt, dass die Funktionsargumente, bezüglich derer optimiert werden soll, reellwertig sein müssen. Sie können auch von kategorialem Datentyp sein. Die Schritte des Algorithmus sind:

1. Begonnen wird mit einer *Startpopulation* von (zufällig generierten) Individuen $\{x_i,\ i = 1, \ldots, n\}$.
   Hierbei ist $x_i$ nicht eine Beobachtung, sondern eine explizite Kombination der Funktionsargumente der zu optimierenden Funktion $h(x)$, und $n$ bezeichnet nicht

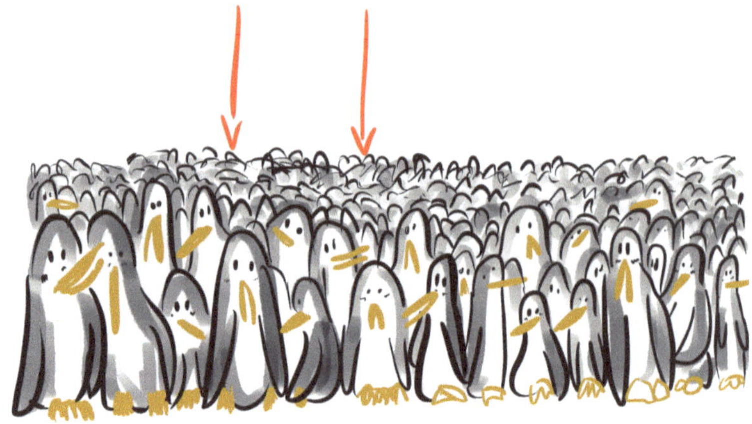

**Abb. 4.6** Aus der Population werden zufällig je zwei Individuen ausgewählt. (© C.Bell, all rights reserved)

die Stichprobengröße, sondern die Populationsgröße, also die Anzahl an Werten für $x$, die „ausprobiert" werden sollen.

2. Anschließend wird die *Fitness* jedes Individuums $x_i$ bestimmt. Diese entspricht dem Wert der zu optimierenden Funktion $h(x_i)$ für das entsprechende Argument.
3. Erzeugung einer neuen Generation durch:

   i. *Selektion* und „survival of the fittest" (Abschn. 4.5.2),
   ii. *Rekombination* (Abschn. 4.5.3),
   iii. *Mutation* (Abschn. 4.5.4).

4. Ersetzen der bisherigen Population durch die neue Generation und Rückkehr zu Schritt 2., so lange, bis ein Abbruchkriterium erfüllt ist.

### 4.5.2 Selektion

Aus der Population werden $\frac{n}{2}$ Paare ausgewählt, d. h. insgesamt $\frac{n}{2} \cdot 2 = n$ Individuen. Individuen mit höherer Fitness $h(x_i)$ haben eine höhere Auswahlchance. Einige Individuen werden dabei mehrfach, andere gar nicht ausgewählt. Die Auswahl von Paaren ist für den nachfolgenden Schritt der Rekombination erforderlich.

Eine gängige Strategie ist die Wettkampfselektion. Gegebenenfalls werden zusätzlich die ausgewählten Individuen mit der niedrigsten Fitness durch diejenigen mit der höchsten Fitness aus der gesamten Generation ersetzt *(Elitismus)*. Auf diese werden die Folgeschritte der Rekombination und der Mutation nicht angewandt. So wird ihr Erhalt in der nächsten Generation erzwungen. Bei der *Wettkampfselektion* werden für die Auswahl eines Individuum immer zunächst je zwei Individuen $x_i$ und $x_j$ aus der Population zufällig ausgewählt (vgl. Abb. 4.6) und deren Fitness verglichen. Dem Individuum mit der höheren Fitness wird eine Auswahlwahrscheinlichkeit $p_s > 0.5$ zugewiesen, z. B. $p_s = 0.75$. Anschließend wird eine gleichverteilte Zufallszahl $r$

**Abb. 4.7** Für die beiden ausgewählten Individuen (vgl. Abb. 4.6) wird die Fitness bestimmt. Eines der beiden Individuen wird nun zu einem Elternteil für die Nachfolgegeneration. Die Auswahl erfolgt wiederum per Zufall, wobei das Individuum mit der größeren Fitness eine höhere Auswahlwahrscheinlichkeit erhält. (© C.Bell, all rights reserved)

**Tab. 4.1** Beispiel eines Genoms: Jede Zahl beschreibt ein Gen. Jedes Attribut eines Individuums wird durch eines oder mehrere Gene beschrieben (durch vertikale Striche gekennzeichnet)

| Gen | 1 0 1 0 | 0 1 | 1 1 0 1 | 0 0 1 | 1 1 0 |
|---|---|---|---|---|---|
| Attribut | 1 | 2 | 3 | 4 | 5 |

aus dem Intervall [0, 1] erzeugt. Wenn $r \leq p_s$ ist, wird das Individuum mit der höheren Fitness ausgewählt, ansonsten das andere (vgl. Abb. 4.7). Dieser Prozess wird so lange wiederholt, bis insgesamt $n$ Individuen ausgewählt wurden, entsprechend der Populationsgröße.

Das Ziel der Selektion besteht darin, den *Suchraum,* d. h. den Bereich von Werten, die für das Optimum infrage kommen, für Nachfolgegenerationen einzuschränken, d. h., der Algorithmus sucht mit fortschreitenden Generationen mit einer höheren Wahrscheinlichkeit dort weiter, wo hohe Fitnesswerte zu erwarten sind. Die durchschnittliche Fitness steigt in der Regel von Generation zu Generation an.

### 4.5.3 Rekombination

Analog zur Biologie wird jedes Individuum durch sein *Genom* beschrieben. Das Genom wiederum setzt sich aus einzelnen *Genen* zusammen, die jeweils durch ein Bit beschrieben werden (vgl. Tab. 4.1). Die Gene lassen sich in Segmenten (Attributen) zusammenfassen. Jedes Segment codiert eines der Argumente der Fitnessfunktion $h()$.

Kontinuierliche Argumente werden dabei *diskretisiert,* d. h. in kleine Intervalle *(Bins)* zerlegt. Jedes der Intervalle wird mit einem Index belegt, der über das Binärsystem als Sequenz von Einsen und Nullen codiert wird. Soll z. B. ein Wert über das Intervall $[-10, 10]$ mit einer Genauigkeit von 0.1 optimiert werden, sind $20 \cdot 10 = 200$

**Abb. 4.8** Im Rekombinationsschritt werden je zwei der im Rahmen der Selektion ausgewählten Individuen (vgl. Abb. 4.7) zu Elternpaaren gruppiert. Anschließend werden ihre Gene kombiniert, um so zwei neue Individuen (Kinder) für die Nachfolgegeneration zu erzeugen. 

**Tab. 4.2** Beispiel: Erzeugung von zwei Individuen (Kindern) für die Nachfolgegeneration aus selektierten Individuen der aktuellen Population (Eltern) durch deren Kreuzung. Einige zufällig ausgewählte Gene werden hierbei vertauscht (in **fett** gekennzeichnet)

| | | | | | |
|---|---|---|---|---|---|
| Elternteil 1 | 1 0 1 0 | 0 1 | 1 1 0 1 | 0 0 1 | 1 1 0 |
| Elternteil 2 | 1 1 0 1 | 0 0 | 0 1 1 1 | 0 1 0 | 0 1 0 |
| Kind 1 | 1 **1** 1 **1** | 0 1 | **0** **1** **1** 1 | 0 0 **0** | **0** 1 **0** |
| Kind 2 | 1 **0** 0 **0** | 0 0 | **1** **1** **0** 1 | 0 1 **1** | **1** 1 **0** |

Bins nötig, d. h. $2^7 = 128 < 200 < 256 = 2^8$. Es sind 8 Bits (= Gene) innerhalb des Genoms für die Codierung dieses Werts erforderlich.

Aus zwei selektierten Individuen (Eltern) werden nun durch Kreuzung (engl. „*crossover*“) zwei neue Individuen (Kinder) für die Nachfolgegeneration generiert (Abb. 4.8). Entsprechend einer „*crossing rate*“ $p_c$ (üblicherweise $> 0.6$) wird per Zufall festgelegt, ob die Eltern gekreuzt werden oder direkt als Kinder in die Nachfolgegeneration kopiert werden. Im Fall einer Kreuzung werden zunächst die Genome der beiden Eltern kopiert. Anschließend wird dann für jedes einzelne Gen eine weitere Zufallszahl bestimmt. Liegt diese unterhalb einer Schwelle $p_x$ (üblich ist $p_x \in [0.5, 0.8]$), werden die Gene beider Kopien an der entsprechenden Position vertauscht (vgl. Tab. 4.2). Die so erstellten und modifizierten Kopien werden anschließend als Kinder in die Nachfolgegeneration übernommen. Das Kreuzen zweier Eltern führt dazu, dass der Algorithmus auch neue, bisher unbekannte Funktionsargumente als Kandidaten für das gesuchte Optimum in Betracht zieht.

**Abb. 4.9** Die in Abb. 4.8 erzeugten Kinder bilden die Nachfolgegeneration. Mit einer geringen Wahrscheinlichkeit werden einige Gene der Kinder mutiert, um so die Entwicklung von Eigenschaften zu ermöglichen, die in der aktuellen Population noch nicht vorkommen und ggf. zu einer Verbesserung der Fitness führen. (© C.Bell, all rights reserved)

**Tab. 4.3** Beispiel eines Genoms vor und nach Mutation. Mutierte Gene entstehen durch zufällige Negation eines Bits und sind in **fett** gekennzeichnet

| | | | | | |
|---|---|---|---|---|---|
| Vor Mutation | 0 0 0 0 | 0 0 | 0 0 0 0 | 0 0 0 | 0 0 0 |
| Nach Mutation | 0 0 0 **1** | 0 0 | 0 0 0 0 | 0 **1** 0 | 0 0 0 |

## 4.5.4 Mutation

Abschließend wird jedes Genom nochmals einer Mutation unterzogen (Abb. 4.9): Jedes Gen wird mit einer geringen Wahrscheinlichkeit $p_m$ negiert, d. h., $\text{Gen}_{\text{mutiert}} = 1 - \text{Gen}_{\text{vorher}}$ (vgl. Tab. 4.3). Die Mutationswahrscheinlichkeit (oder auch *Mutationsrate*) einzelner Gene ist dabei üblicherweise sehr klein, z. B. 0.01 oder $1/L$, wenn $L$ die Gesamtzahl an Genen im Genom ist.

Zusammenfassend bewirkt der Selektionsschritt die Konvergenz des genetischen Algorithmus, der Rekombinationsschritt führt dazu, dass auch bisher unbekannte Funktionsargumente als Kandidaten für das gesuchte Optimum infrage kommen und die abschließende zufällige Mutation der Genome soll eine Konvergenz in einem lokalen Optimum verhindern.

Neben der Vermeidung lokaler Konvergenz sind genetische Algorithmen nicht auf stetige Funktionsargumente beschränkt. Im Gegenzug konvergieren sie im Vergleich zu gradientenbasierten Verfahren langsamer und sind rechenaufwendiger. Darüber hinaus erfordern sie die Spezifikation einer Reihe von Parametern wie der Populationsgröße $n$, der Art der Selektion (plus ggf. $p_s$ bei Wettkampfselektion) und den Crossoverparametern $p_c$ und $p_x$ sowie der Mutationsrate $p_m$. Es ist ratsam, eigene Erfahrungen in der Wahl dieser Parameter zu sammeln.

## 4.6 Fallstudie 3: Kundensegmentierung

Für die RFM-Daten aus der dritten Fallstudie soll nun mithilfe des K-Means-Algorithmus eine Kundensegmentierung erstellt werden. Für die Berechnung der Distanzen in der K-Means-Clusteranalyse spielt die Skalierung der Variablen eine große Rolle. Variablen mit großer Streuung tragen anteilig mehr zu den Distanzen bei als solche mit einer geringen Streuung. Aus diesem Grund ist ein Vergleich der Varianzen bzw. Standardabweichungen der verschiedenen Variablen vor Durchführung einer Clusteranalyse ratsam.

```
# Vergleich der Varianzen und Standardabweichungen der...
# ...verschiedenen Variablen.
round(sapply(rfm, var),2)
```

```
    recency   frequency    monetary
   10155.02       87.21 67557634.55
```

```
sapply(rfm, sd)
```

```
    recency   frequency    monetary
 100.772139    9.338754 8219.345141
```

Es zeigt sich, dass die Variablen eine stark unterschiedliche Streuung aufweisen. Aus diesem Grund wird vorab eine **Standardisierung** der Variablen durchgeführt:

```
# Standardisierung der Variablen.
rfm_scaled <- scale(rfm)

# Varianzen nach Standardisierung:
apply(rfm_scaled, 2, var)
```

```
  recency frequency  monetary
        1         1         1
```

Zur Bestimmung einer sinnvollen Clusteranzahl wird zunächst ein *Screeplot* erstellt (vgl. z. B. Szepannek, 2018), d. h., es wird eine Clusteranalyse für unterschiedliche Clusteranzahlen $K$ durchgeführt und der Wert der Verlustfunktion gegen die Clusteranzahl abgetragen. Wenn durch die weitere Erhöhung der Clusteranzahl keine deutliche Verringerung der Verlustfunktion mehr erzielt werden kann, ist dies als „Knick“ (oder auch *Ellenbogen*) in Abb. 4.10 zu sehen. Der zugehörige Wert auf der $x$-Achse stellt eine mögliche Wahl von $K$ dar.

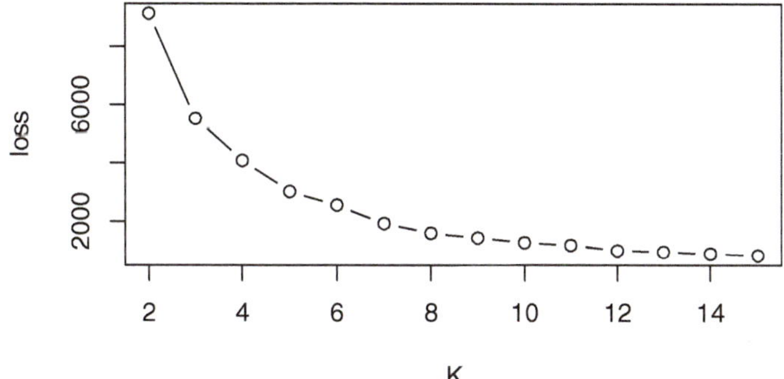


**Abb. 4.10** Screeplot: Verlustfunktion in Abhängigkeit von der Clusteranzahl K

```
# Initialisierung der Ergebnisvektors.
loss <- NULL

# Initialisierung des Zufallsgenerators für Reproduzierbarkeit.
set.seed(42)

# Schleife: Durchführung von kmeans mit 2 bis 15 Clustern.
for(k in 2:15){
  # Aufruf von kmeans mit je 10 zufälligen Initialisierungen.
  kmr    <- kmeans(rfm_scaled, k, nstart = 10, iter.max = 20)
  # Speichern der Verlustfunktion.
  loss <- c(loss, kmr$tot.withinss)
}

# Erstellen des Screeplots.
plot(2:15, loss, type = "b", xlab = "K")
```

In der Praxis ist ein Ellenbogen im Screeplot oft nicht eindeutig auszumachen, so auch hier. Eine mögliche Wahl könnte z. B. eine Clusteranzahl von $K = 7$ sein. In der Regel möchte man das Ergebnis so übersichtlich wie möglich halten und versucht, $K$ möglichst gering zu wählen. Hier wird für die weitere Analyse exemplarisch $K = 4$ gewählt.

```
# Aufruf von kmeans für K = 4 Cluster.
set.seed(42)
kmr <- kmeans(rfm_scaled, centers = 4, nstart = 10, iter.max = 20)

# Ausgabe der Clustermittelwerte.
kmr$centers
```

```
     recency   frequency    monetary
1 -0.8094027  2.54590528  1.28032521
2  1.5577087 -0.35052167 -0.17564106
3 -0.8654928 11.22565267 14.89338196
4 -0.4889914 -0.07263515 -0.06959592
```

```
# Paarweise Punktwolken, nach Clustern eingefärbt.
# plot(as.data.frame(rfm), col = kmr$cluster)

library(GGally)
rfm           <- as.data.frame(rfm)
rfm$cluster <- as.factor(kmr$cluster)
colors        <-c("#E69F00", "#56B4E9", "#009E73", "#F0E442"))

ggpairs(rfm, aes(colour = cluster, fill = cluster),
        axisLabels = "none",
        lower = list(continuous = wrap("points",
                                        size = 1,
                                        alpha = 0.3))
        ) +
        scale_color_manual(values = colors) +
        scale_fill_manual(values = colors)

# Ausgabe der Clustermittelwerte.
table(kmr$cluster)
```

```
  1    2    3    4
188 1076   11 3097
```

In der Tabelle `kmr$centers` beschreibt jede Zeile den Mittelwert eines Clusters. Es ist zu beachten, dass hier, anders als in Abb. 4.11, die Mittelwerte der standardisierten Variablen zu sehen sind. Ein Clustermittelwert von 0 würde gerade dem Durchschnitt über alle Kunden entsprechen. Sowohl die Tabelle als auch die grafische Darstellung der Cluster zeigen, dass die Kunden in Cluster 3 (grün) deutlich höhere Werte in Frequency und Monetary aufweisen. In der Tabelle der Clustergrößen ist zu sehen, dass es sich jedoch nur um sehr wenige Kunden mit besonders großen Umsätzen handelt. Für die Betrachtung ist hierbei irrelevant, ob dieser Cluster den Index 3 zugewiesen bekommt oder einen anderen. Die größte Menge an Kunden hat vergleichsweise kleine Werte in diesen beiden Variablen und unterteilt sich nach der Recency in zwei unterschiedliche Cluster (2 und 4, blau und gelb). Das deutlich größte Kundensegment (Cluster 4, gelb) spiegelt am besten den Durchschnitt über alle Kunden wider, da die Clustermittelwerte der standardisierten Daten am dichtesten bei 0 liegen. Die Mittelwerte von Cluster 2 weisen im Vergleich hierzu eine

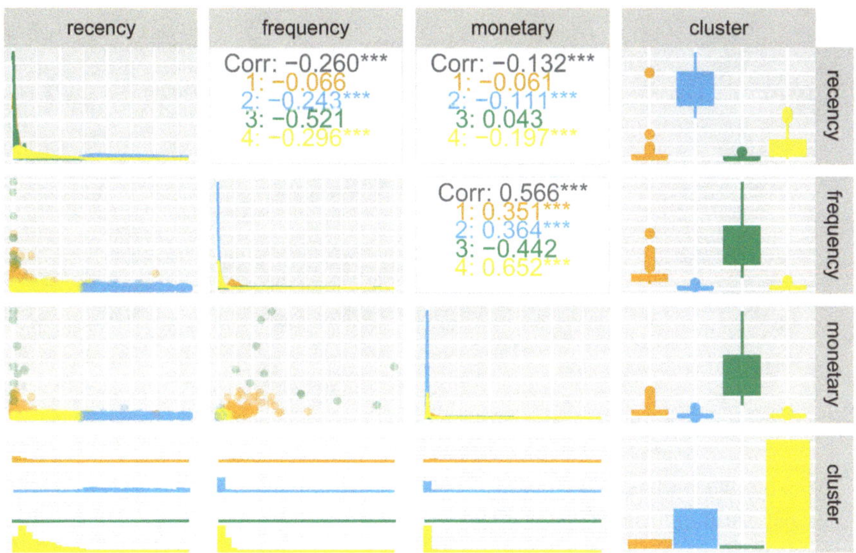


**Abb. 4.11** Verteilung der Variablen Recency, Frequency und Monetary, getrennt nach Clustern

geringere Häufigkeit (Frequency), einen geringeren Umsatz (Monetary) und eine höhere Recency (letzter Einkauf liegt länger zurück) auf. Der verbleibende Cluster 1 (orange) ist ebenfalls vergleichsweise klein und besteht aus Kunden, die vom Konsumverhalten (Frequency und Monetary) zwischen Cluster 3 und Cluster 2/4 liegen. Die Punktwolken lassen vermuten, dass ein Zusammenhang zwischen den Variablen Frequency und Monetary besteht. Mit der Anzahl an Einkäufen steigt auch der Umsatz.

```
# Berechnung der Korrelationen zwischen den Variablen.
cor(rfm_scaled)
```

```
            recency frequency  monetary
recency    1.000000 -0.259540 -0.132109
frequency -0.259540  1.000000  0.566122
monetary  -0.132109  0.566122  1.000000
```

Die Vermutung wird durch den Korrelationskoeffizienten von 0.56 bestätigt. Zur Recency weisen beiden Variablen eine leichte negative Korrelation auf (je länger der letzte Einkauf zurück liegt, desto weniger Einkäufe insgesamt und desto geringer auch der Gesamtumsatz).

Es sollte immer auch die Homogenität der einzelnen Cluster betrachtet werden:

```
# Homogenität der einzelnen Cluster.
kmr$withinss
```

```
[1]  899.5692  513.8758 1695.8197  971.3622
```

```
# Relative Homogenität, bezogen auf dieClustergröße.
kmr$withinss / table(kmr$cluster)
```

```
          1           2           3           4
  4.7849428   0.4775797 154.1654299   0.3136462
```

Cluster 2 und 4 sind deutlich homogener als die anderen beiden Cluster. Dies ist hier dadurch zu erklären, dass Cluster 1 und 3 je aus nur wenigen Kunden mit ungewöhnlich hohen Umsätzen bestehen. Ob die Homogenität der einzelnen Cluster genügt, um segmentspezifische Marketingaktivitäten zu entwickeln, ist eine Entscheidung, die vom Unternehmen getroffen werden muss. Andernfalls muss die Clusteranzahl erhöht werden.

## 4.7 Zusammenfassung und Ausblick

**Rückblick: Wesentliche Inhalte**

- Newton-Verfahren
- Gradientenabstiegsverfahren
- Backpropagation in neuronalen Netzen
- Unüberwachtes Lernen
- K-Means-Clusteranalyse
- Lokale Konvergenz
- Genetischer Algorithmus

**Übungsaufgaben**

1. Berechnen Sie die erste Iteration des Newton-Verfahrens für die Funktion $h(x) = -3x^3 + 8x^2 + 9x - 18$, ausgehend vom Startwert $x_0 = 0$ in R.
2. Nutzen Sie die R-Funktion `optimize()`, um die Funktion $h(x) = 15x - (x^3 - 8x^2 + 24x + 18)$ zu maximieren. (Als obere und untere Grenze können Sie `lower = 0` bzw. `upper = 6` angeben.)
3. Untersuchen Sie den Einfluss der Initialisierung auf das Training neuronaler Netzwerke: Trainieren Sie erneut das neuronale Netzwerk aus Kap. 1

/Aufgabe 5. auf den `xy`-Daten. Wiederholen Sie das Training mehrfach und vergleichen Sie den MSE und die Gewichte.
4. Lesen Sie die Daten `clusterdata.csv` ein. Führen Sie anschließend eine Clusteranalyse mithilfe der Funktion `kmeans()` für $K = 5$ durch! Wiederholen Sie dies mehrfach und beobachten Sie die Abhängigkeit der optimierten Zielfunktion `object$tot.withinss` von der Initialisierung. Führen Sie nun kmeans mit der Option `nstart = 20` durch und vergleichen Sie das Ergebnis.
5. Erstellen Sie einen *Screeplot* zur Wahl von K: Führen Sie K-Means (mit `nstart = 20`) für $K = 2, ..., 10$ aus und stellen Sie die Verlustfunktion als Funktion von $K$ grafisch dar. Überlegen Sie sich, warum diese mit größer werdendem $K$ immer weiter sinkt. Welches $K$ würden Sie auf Basis der erstellten Grafik wählen?
6. Nutzen Sie die Funktion `rbga` aus dem Paket `{genalg}`, um die Funktion $h(x, y) = x^2 + y^2$ mithilfe eines genetischen Algorithmus im Bereich $-4 \leq x \leq 4$ und $-4 \leq y \leq 4$ zu minimieren. Stellen Sie den Verlauf der Fitness über die Iterationen dar.

**Hinweise zu weiterführender Literatur**

- Zu „gradient descent": Rashid (2017), Duda et al. (2000), Kap. 6, Park (2022)
- Zu Clusteranalyse: Jain (2010), Hastie et al. (2009), Abschn. 14.3, Szepannek (2018)
- Zu lokaler Konvergenz des K-Means-Algorithmus: Fränti und Sieranoja (2019)
- Zu genetischen Algorithmen: Obitko (1998)

# Regularisierung

# 5

## 5.1 Kostenkomplexität von Entscheidungsbäumen

▶ **Beispiel zur Tiefe von Entscheidungsbäumen**
In Kap. 2 wurde beschrieben, dass Splits in Regressionsbäumen gerade so gewählt werden, dass sie jeweils den MSE minimieren. Jeder zusätzliche Split kann damit nur zu einer Verringerung des MSE führen. Ohne Stoppkriterien wie einer maximalen Baumtiefe oder minimalen Blattgröße wäre es im Sinne der Verlustfunktion demnach sinnvoll, den Baum so tief wie möglich zu trainieren. Im Extremfall enthält dann jeder Endknoten dann nur noch eine einzige Beobachtung $(x_i, y_i)$ und der Wert der Vorhersage in diesem Knoten wäre gerade der Wert $y_i$. Ein solches Modell hat auf den Trainingsdaten einen MSE von 0.

**Einschub: Modellevaluierung**
Leider kann nicht davon ausgegangen werden, dass ein solches Modell neue Daten ebenso perfekt vorhersagt. Man spricht von einer *Überanpassung* (engl. *„overfitting"*) des Modells an die Trainingsdaten. Um dies zu verhindern, sollte ein Modell immer auf unabhängigen Daten *validiert* werden. Hierfür unterteilt man die Gesamtmenge an Beobachtungen in zwei Teile: *Trainings-* und *Validierungsdaten*. Die Trainingsdaten werden, so wie in den vorangegangenen Kapiteln beschrieben, verwendet, um das Modell zu schätzen (bzw. zu trainieren). Die Validierungsdaten simulieren unbekannte, neue Daten, die durch das Modell vorhergesagt werden sollen. Für jede Beobachtung der Validierungsdaten können Modellvorhersage und wahrer Wert verglichen werden, um eine unabhängige Modellevaluierung zu erhalten.
Die Modellvalidierung erfolgt in der Regel anhand einer *Performancekennzahl*. Bei Regressionsproblemen ist dies oft der MSE oder der MAE (vgl.



G. Szepannek, *Grundprinzipien des maschinellen Lernens*,
https://doi.org/10.1007/978-3-662-73200-7_5

**Tab. 5.1** Konfusionsmatrix

| Vorhersage | $Y = 1$ | $Y = 0$ | $\Sigma$ |
|---|---|---|---|
| $\hat{Y} = 1$ | TP | FP | TP+FP |
| $\hat{Y} = 0$ | FN | TN | TN+FN |
| $\Sigma$ | TP+FN | FP+TN | TP+FP+TN+FN=n |

Abschn. 2.3). Für binäre Klassifikationsprobleme ist diese oft aus der *Konfusionsmatrix* abgeleitet (Tab. 5.1).
Hierbei stehen $P$ („positive") und $N$ („negative") für die Klassifizierung durch das Modell, und $T$ („true") bzw. $F$ („false") beschreiben, ob diese Zuordnung korrekt ist. Während die *Erkennungsrate* (engl. *„accuracy"*) $0 \leq \frac{TP+TN}{n} \leq 1$ den Anteil richtig klassifizierter Beobachtungen misst (mit $n$ als Anzahl Beobachtungen), misst die *Sensitivität* $0 \leq \frac{TP}{TP+FN} \leq 1$ den Anteil erkannter Beobachtungen mit Klasse $Y = 1$. Im Gegenzug dazu betrachtet die *Precision* $0 \leq \frac{TP}{TP+FP} \leq 1$ die Anzahl an „Fehlalarmen" und misst, wie oft unter allen Vorhersagen $\hat{Y} = 1$ auch wirklich $Y = 1$ eingetreten ist. Eine Übersicht über weitere Performancekennzahlen findet sich in Zumel und Mount (2019), Abschn. 5.2.

**Fortsetzung Beispiel: Kostenkomplexität von Entscheidungsbäumen**
Um eine Überanpassung an die Trainingsdaten zu verhindern, wird in der Verlustfunktion von Entscheidungsbäumen der MSE noch um einen *Strafterm* ergänzt. Man spricht in diesem Zusammenhang auch von *Regularisierung:*

$$L(Y, f(X)) = MSE + \underbrace{\lambda \cdot |Tree|}_{\text{Strafterm}},$$

wobei $|Tree|$ die Anzahl an Endknoten des Baums bezeichnet. Der *Kostenkomplexitätsparameter* $\lambda$ verhindert, dass der Baum beliebig ein Baum ist, desto geringer wird der MSE (s. Abschn. 2.5) aber desto mehr Endknoten $|Tree|$ hat er. Diese Anzahl wird mit $\lambda$ multipliziert und auf den MSE addiert. Jeder weitere Split erzeugt einen zusätzlichen Endknoten. Dieser lohnt sich nur noch, wenn er den MSE um mindestens $\lambda$ verbessert. Die Entscheidung, wie groß $\lambda$ gewählt werden soll, liegt bei der Person, die die Modellierung durchführt. Für $\lambda = 0$ wird die Baumtiefe ignoriert und je größer $\lambda$, desto flacher wird der resultierende Baum.
Solche vorab festzulegenden Parameter werden auch als *Hyperparameter* bezeichnet. In der Praxis wird deren Wahl häufig anhand von Validierungsdaten getroffen: Es werden verschiedene Modelle für unterschiedliche Werte von $\lambda$ erstellt und dasjenige mit der besten Performance auf den Validierungsdaten (siehe Einschub: Modellevaluierung) ausgewählt. Bei diesem Vorgehen ist zu beachten, dass für eine unabhängige Performanceevaluierung dann allerdings noch ein weiterer (dritter) *Testdatensatz* erforderlich ist.

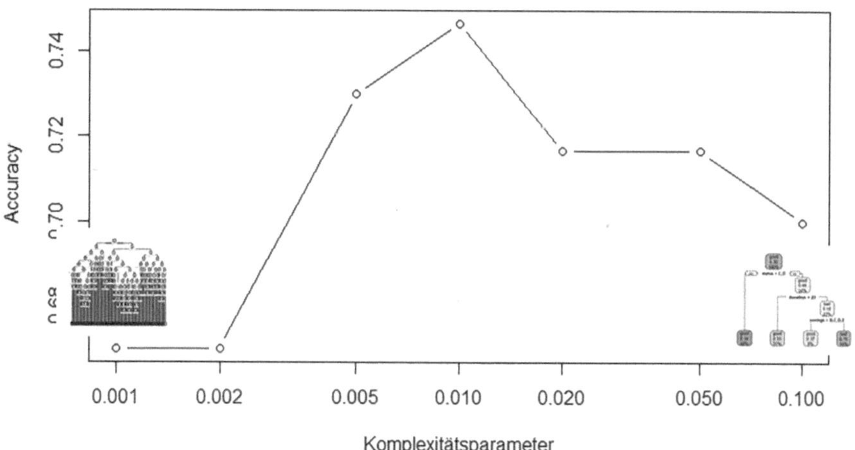


**Abb. 5.1** Accuracy von Entscheidungsbäumen mit unterschiedlichem Komplexitätsparameter auf den Validierungsdaten

Es ist allerdings zu beachten, dass mit größer werdendem Trainingsdatensatz in der Regel auch die Vorhersagegüte des Modells steigt. Insbesondere erlaubt eine größere Anzahl an Beobachtungen das Training eines komplexeren Modells. Je tiefer ein Baum ist, also je mehr Splits er hat, desto weniger Beobachtungen fallen in die einzelnen Endknoten und desto unstabiler werden die hieraus erstellten Vorhersagen. Sind mehr Trainingsdaten vorhanden, würde der gleiche Baum mehr Beobachtungen pro Endknoten enthalten und ein stabileres Vorhersagemodell liefern. Durch die Unterteilung in Trainings-, Validierungs- und Testdaten verringert sich jedoch die für das Modelltraining zur Verfügung stehende Datenmenge. Der Hyperparameter, der auf den Validierungsdaten die besten Vorhersagen zeigt, wird aus diesem Grund in der Regel ein weniger komplexes Modell liefern, im Vergleich zu dem optimalen Modell, wenn es auf sämtlichen Daten trainiert werden könnte.

## 5.2 Bias-Variance-Trade-off

Abb. 5.1 zeigt die Accuracy auf den Validierungsdaten von Entscheidungsbäumen, die mit unterschiedlichen Komplexitätsparametern $\lambda$ auf den German Credit Data (Hofmann, 1994), einer Vorgängerversion der auch in Fallstudie 2 verwendeten Daten (vgl. Kap. 1), erstellt wurden. Die Daten wurden hierfür zufällig in 70 % Trainings- und 30 % Validierungsdaten aufgeteilt. Anhand aller 20 erklärenden Variablen wird eine binäre Zielvariable (Kreditausfall: ja/nein) vorhergesagt.

Das optimale Modell entsteht hier für $\lambda = 0.1$. Ist das Modell zu komplex (links) oder zu einfach (rechts) zeigt sich ein Performanceverlust. Dies ist ein typischer Verlauf des *„Bias-Variance-Trade-offs“*. Ist ein Modell zu komplex, wie der linke Baum – erstellt mit einem sehr kleinen $\lambda = 0.001$ – erfolgt eine Überanpassung an die Daten (siehe Einschub: Modellevaluierung) und es kann nicht davon ausgegan-

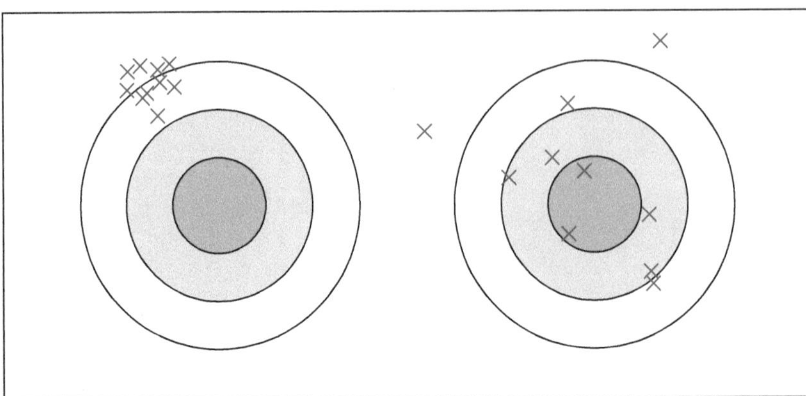


**Abb. 5.2** Eine häufig verwendete Veranschaulichung von Bias (**a**) und Varianz (**b**): Jedes Kreuz stellt ein auf einer anderen Stichprobe trainiertes Modell dar. Ein ideales Modell würde genau die Mitte treffen

gen werden, dass die identifizierten Zusammenhänge für neue Daten ebenfalls gelten. Man sagt, das Modell besitzt eine hohe *Varianz*. Ist umgekehrt das Modell zu einfach – so wie der rechte Baum – erstellt für $\lambda = 0.05$, spricht man von einem hohen *Bias*: Ein Modell, bestehend aus nur drei Regeln reicht hier nicht aus, um die real existierenden Zusammenhänge zu erklären. In vielen Büchern findet man zur Veranschaulichung von Bias und Varianz ein Bild mit zwei Zielscheiben (vgl. Abb. 5.2), jedes Kreuz symbolisiert hier ein Modell, das auf einer anderen, zufällig zustande gekommenen, Trainingsstichprobe erstellt wurde. Die Mitte der Zielscheibe repräsentiert den unbekannten, wahren Zusammenhang. Ein optimales Modell würde die Mitte der Zielscheibe treffen. Ein Modell mit hohem Bias (Abb. 5.2a) macht systematische Fehler, ein Modell mit geringem Bias, aber hoher Varianz (Abb. 5.2b), findet zwar theoretisch – im Durchschnitt über verschiedene Stichproben – den gesuchten Zusammenhang, abhängig von der explizit vorliegenden Stichprobe, kann es jedoch weiterhin zu großen Fehlern kommen.

Abb. 5.3 veranschaulicht die Varianz von Modellen: Abgebildet sind zwei Entscheidungsbäume, die beide ebenfalls auf den German Credit Daten erstellt wurden. Vorher wurden jedoch die Daten zufällig in zwei Hälften (von je 500 Beobachtungen) aufgeteilt. Da beide Modelle auf der gleichen *Grundgesamtheit* operieren, würde man hier zwei ähnliche Modelle erwarten. Es ist jedoch zu erkennen, dass beide Modelle nur bis zum ersten Split (Variable `Status`) gleich sind und sich dann stark unterscheiden. Durch die geringe Anzahl an Beobachtungen sind die gebildeten Splits ab der Tiefe zwei nicht mehr stabil und können auf anderen Daten, die der gleichen Grundgesamtheit entstammen, sehr unterschiedlich aussehen.[1]

[1] Ein Verfahren, bei dem dieses Phänomen anschaulich adressiert wird, ist *Random Forests* (vgl. Breiman, 2001a).

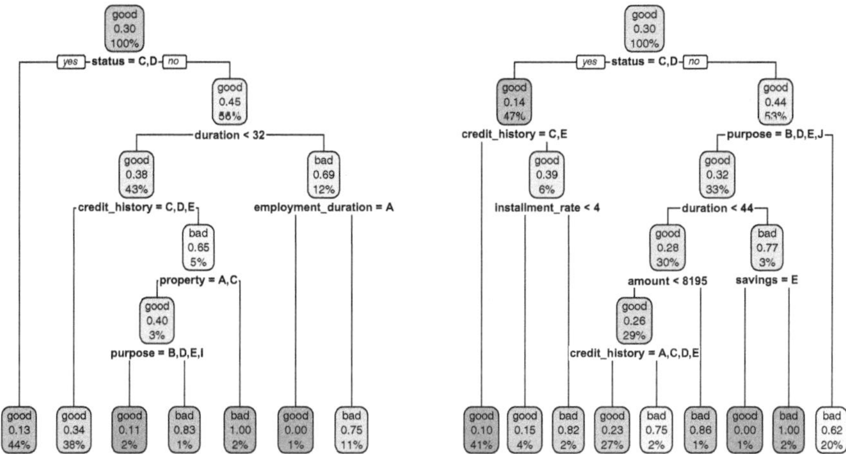


**Abb. 5.3** Varianz eines Modells: Zwei Entscheidungsbäume, die auf unterschiedlichen Teilmengen der German Credit Data erstellt wurden

Im maschinellen Lernen ist es die Aufgabe der Person, die für die Modellierung verantwortlich ist, für ein spezifisches Problem über Tuning der Hyperparameter (vgl. Bischl et al., 2023, 2024) den richtigen Kompromiss für den Trade-off zwischen Bias und Varianz zu finden. Im Beispiel in Abb. 5.1 entspricht dies der Wahl des Parameters $\lambda = 0.1$.

Das Phänomen der Überanpassung durch eine zu hohe Varianz des Modells zeigt sich in Abb. 5.4, einer Erweiterung von Abb. 5.1 um die Performance auf den Trainingsdaten: Bei niedrigem Komplexitätsparameter entsteht auf den Trainingsdaten ein perfektes Modell mit einer Accuracy von 1, es besteht jedoch ein starker Unterschied zwischen der Performance auf den Trainings- und derjenigen auf den Validierungsdaten. In der Regel zeigt sich auf den Daten, die auch für das Modelltraining verwendet worden sind, eine bessere Performance, und die reale Performance wird überschätzt. Dies unterstreicht die Wichtigkeit einer unabhängigen Modellvalidierung.

## 5.3 $L_1$- und $L_2$-Regularisierung

▶ **Beispiel zu Regularisierung in linearer Regression und neuronalen Netzen**
In der linearen Regression bedeutet eine hohe Varianz des Modells, dass die aus den Daten geschätzten Regressionskoeffizienten $\hat{\beta}_j$ stark schwanken können, wenn man statt der vorhandenen Trainingsdaten eine andere Zufallsstichprobe aus der Grundgesamtheit hätte. Um eine die Schätzung der Regressionskoeffizienten zu stabilisieren, sollen sehr hohe Effekte $\beta_j >> 0$ oder $\beta_j << 0$ vermieden werden. Erreicht wird dies, wie schon im Beispiel in Abschn. 5.1, über zusätzliche Strafterme in der Verlustfunktion. Hierfür haben sich zwei Strategien, *LASSO* und *Ridge Regression,* etabliert:

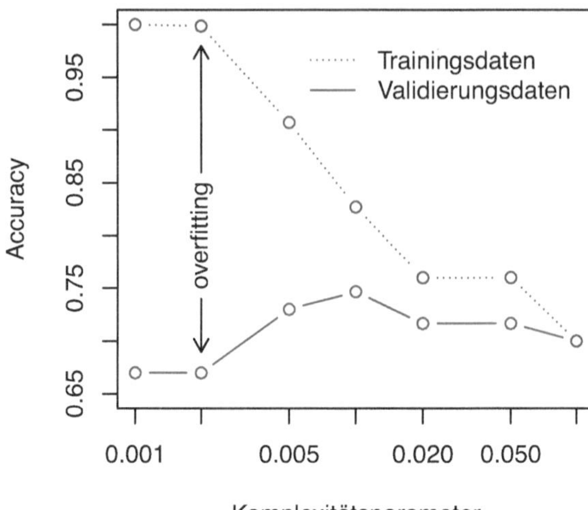


**Abb. 5.4** Performanceunterschied auf den Trainings-und Validierungsdaten

$$L(Y, f(X)) = MSE + \underbrace{\lambda_1 \cdot \sum_j |\beta_j|}_{L_1-\text{Strafterm}} + \underbrace{\lambda_2 \cdot \sum_j (\beta_j)^2}_{L_2-\text{Strafterm}}.$$

Extreme Modellkoeffizienten $\beta_j$ lohnen sich nur noch dann, wenn sie den MSE entsprechend stark verringern. Damit sich positive und negative Koeffizienten nicht gegenseitig aufheben, werden in der $L_2$-Regularisierung oder auch Ridge Regression die Koeffizienten quadriert. Bei der $L_1$-Regularisierung, dem Least Absolute Shrinkage and Selection Operator (LASSO) dagegen wird statt der Quadrate der absolute Betrag verwendet. Dies hat zur Folge, dass in der Regel einige der Koeffizienten ganz zu 0 werden, es erfolgt somit eine implizite *Variablenselektion*. Eine anschauliche Begründung, warum dies so ist, findet sich in James et al. (2021), Abschn. 6.2. Kombiniert man Ridge- und LASSO-Regression, wie in der obigen Gleichung, spricht man von *„elastic nets"*.

Auch in neuronalen Netzwerken spielen $L_1$- und $L_2$-Regularisierung eine wichtige Rolle. In Kap. 2 wurde die Beziehung zwischen linearer Regression und neuronalen Netzwerken dargelegt. In neuronalen Netzen müssen bei gleicher Anzahl an Daten im Vergleich zur linearen Regression in der Regel deutlich mehr Gewichte geschätzt werden. Die geschätzten Gewichte sind von daher unstabiler. Die Regularisierungsparameter $\lambda_1$ und $\lambda_2$ bilden aus diesem Grund wichtige Parameter zur Kontrolle des Lernprozesses von neuronalen Netzen. Neben $L_1$- und $L_2$-Regularisierung hat sich für neuronale Netzwerke auch eine Regularisierung über *„dropout"* etabliert: Während jeder Iteration des Trainingsprozesses wird hierbei ein fester Prozentsatz $\phi$ von Neuronen pro Layer entfernt, d. h. deren Aktivierung künstlich auf 0 gesetzt. Um dies zu kompensieren, werden gleichzeitig die Gewichte aller anderen Neuronen mit dem Faktor $1/(1-\phi)$ multipliziert. Dieses Vorgehen verhindert, ähnlich der zuvor beschriebenen $L_1$- und $L_2$-Regularisierung, dass einzelne Gewichte zu groß werden.

## 5.4 Fallstudie 1: Vorhersage von Immobilienpreisen (Fortsetzung)

Um eine unabhängige Modellvalidierung zu ermöglichen, werden die Daten zunächst in Trainings- und Testdaten unterteilt. In Anlehnung an die Ausführung zur Unterscheidung in Trainings-, Validierungs- und Testdaten im Kontext von Hyperparametertuning am Ende von Abschn. 5.1 wurde hier direkt die Bezeichnung Testdaten verwendet, um zu betonen, dass diese ausschließlich zur Performanceevaluierung verwendeten werden.

```
# Reproduzierbare Initialisierung des Zufallszahlengenerators.
set.seed(42)

# Zufallsauswahl von 70% der Beobachtungsindizes...
# ...für die Trainingsstichprobe.
ids   <- sample(nrow(houses), round(0.7 * nrow(houses)))

# Erstellen der Testdaten durch Entfernen der Trainingsindizes.
test  <- houses[-ids,]

# Erstellen der Trainingsdaten durch Auswahl der Trainingsindizes.
train <- houses[ids,]
```

Die so erstellten Trainingsdaten enthalten 354 Beobachtungen, die Testdaten 152. Diese Daten können verwendet werden, um einen Performancevergleich der in Kap. 2 vorgestellten Modelle durchzuführen.

Auf den Trainingsdaten wird ein erster Entscheidungsbaum mit einem niedrigen Komplexitätsparameter `cp = 0.001` trainiert. Um das Beispiel anschaulich zu halten, wird gleichzeitig die minimale Knotengröße auf einen niedrigen Wert von `minsplit = 2` gesetzt. Ohne explizite Spezifikation wäre der Defaultwert `minsplit = 20`, und es könnte passieren, dass weitere Splits trotz des niedrigen Komplexitätsparameters stattdessen durch die vorgegebene Mindestknotengröße verhindert werden. Auf die gewählte Weise ist es möglich, die Auswirkungen einer Änderung des Komplexitätsparameters zu untersuchen.

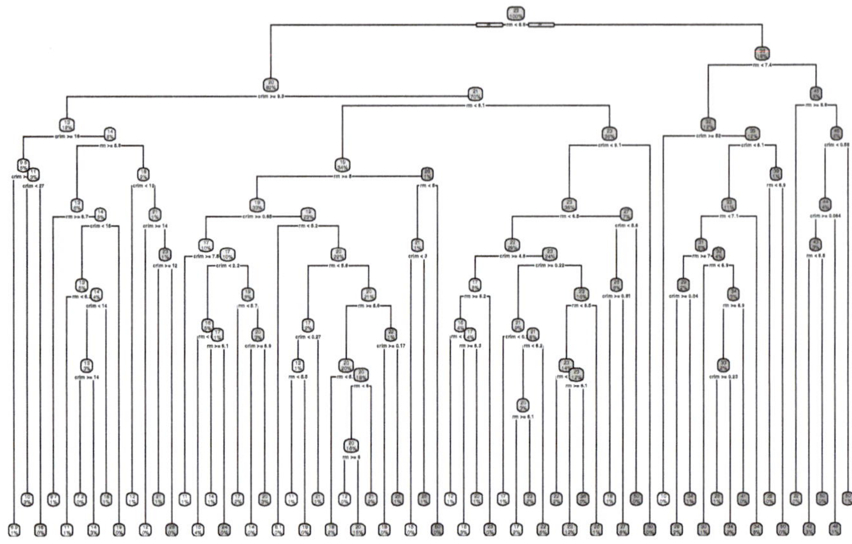

**Abb. 5.5** Entscheidungsbaum mit niedrigem Komplexitätsparameter

```r
# Einbinden der erforderlichen Bibliotheken.
library(rpart)
library(rpart.plot)

# Trainieren des Entscheidungsbaums auf den Trainingsdaten.
tree.mod <- rpart(medv~., data = train, cp = 0.001, minsplit = 2)

# Darstellen des Baums.
rpart.plot(tree.mod)
```

```r
# Berechnung des MSE auf den Trainingsdaten.
mean((predict(tree.mod,train) -train$medv)^2)
```

```
[1] 4.618368
```

```r
# Berechnung des MSE auf den Testdaten.
mean((predict(tree.mod, test) - test$medv)^2)
```

```
[1] 54.52066
```

Die niedrige Wahl des Komplexitätsparameters cp führt dazu, dass der Baum sehr tief wird (s. Abb. 5.5), wie man im Vergleich mit dem in Kap. 2 erstellen Baum

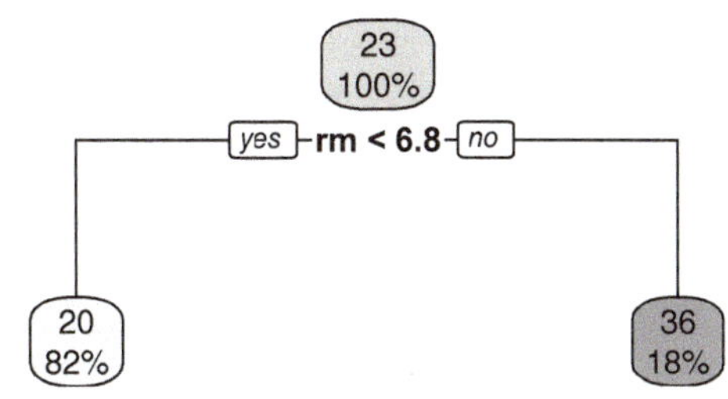


**Abb. 5.6** Entscheidungsbaum mit hohem Komplexitätsparameter

erkennen kann. Betrachtet man den MSE auf den Trainings- und den Testdaten, so fällt auf, dass das Modell auf den Trainingsdaten eine um ein Vielfaches bessere Vorhersagegüte aufweist. Dies veranschaulicht das Problem der Überanpassung an die Trainingsdaten, wenn das Modell zu komplex trainiert wurde.

Wählt man stattdessen ein zu einfaches Modell – hier mit einem Komplexitätsparameter `cp = 0.1` – wird zwar der Performanceunterschied auf Trainings- und Testdaten geringer, der MSE auf den Testdaten ist im Vergleich zum vorigen Baum aber sogar noch schlechter. Ein einziger Split reicht nicht aus, um die bestehenden Zusammenhänge in den Daten angemessen zu beschreiben (Abb. 5.6).

```
tree.mod2 <- rpart(medv ~ ., data = train, cp = 0.1, minsplit = 2)
rpart.plot(tree.mod2)
```

```
mean((predict(tree.mod2, train) - train$medv)^2)
```

```
[1] 42.64144
```

```
mean((predict(tree.mod2, test) - test$medv)^2)
```

```
[1] 56.92235
```

Eine Wahl von `cp = 0.03` bildet einen Kompromiss zwischen beiden Extremen und zeigt auch auf den Testdaten einen geringen MSE (Abb. 5.7).

```
tree.mod3 <- rpart(medv~., data = train, cp = 0.03, minsplit = 2)
rpart.plot(tree.mod3)
```

```
mean((predict(tree.mod3, train) - train$medv)^2)
```

```
[1] 26.88957
```

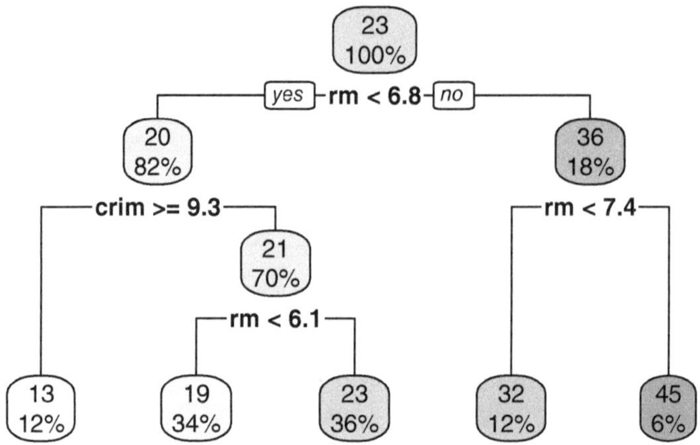


**Abb. 5.7** Entscheidungsbaum mit einem Komplexitätsparameter, der einen Kompromiss zwischen beiden Extremen darstellt

```
mean((predict(tree.mod3, test) - test$medv)^2)
```

```
[1] 33.32646
```

Um bei der Suche nach einem geeigneten Hyperparameter eine Überanpassung an die Testdaten zu verhindern, wird von den Trainingsdaten zusätzlich ein Validierungsdatensatz abgetrennt. Eine umfangreiche Darstellung eines sinnvollen Vorgehens zum Hyperparametertuning wird in Bischl et al. (2023) gegeben.

Zusätzlich zu den bereits erstellten Bäumen soll auch noch eine $L_1$- und $L_2$-Regularisierung eines linearen Regressionsmodells durchgeführt werden. Dies ist über die Funktion `glmnet()` aus dem gleichnamigen R-Paket möglich. Anders als bei den bisherigen Funktionen ist hier als Funktionsargument keine Formelnotation möglich. Stattdessen müssen separat die erklärenden Variablen in Form einer Matrix sowie die Zielvariable übergeben werden. Aus diesem Grund wird zunächst die Matrix der erklärenden Variablen erstellt.

```
# Einbinden der Bibliothek.
library(glmnet)

# Erstellen einer Matrix, die nur die Trainingsdaten enthält.
trainx <- as.matrix(train[,2:3])
```

Die Regularisierung wird, leicht anders als in der üblichen Notation in Abschn. 5.3, über zwei Parameter $\lambda$ (`lambda`) und $\alpha$ (`alpha`) spezifiziert, und für den Strafterm gilt:

$$L(Y, f(X)) = MSE + \lambda \cdot \left( (1-\alpha) \frac{\sum_j (\beta_j)^2}{2} + \alpha \sum_j |\beta_j| \right),$$

wobei $\alpha = 1$ gerade einer $L_1$- und $\alpha = 0$ einer $L_2$-Regularisierung entspricht. Sofern nicht anders angegeben, ist $\alpha = 0.5$ eine gleichgewichtete Mischung aus $L_1$- und $L_2$-Regularisierung.

Über die Funktion `cv.glmnet` kann nach einer geeigneten Wahl von `lambda` gesucht werden. Dies geschieht durch Ausprobieren auf den Trainingsdaten mithilfe einer sogenannten *Kreuzvalidierung* (engl. *„cross validation"*). Hierbei werden die Trainingsdaten nochmals in mehrere Teile unterteilt. Anschließend erfolgen mehrfach Modelltraining und -validierung, wobei jeweils einer der Teile als Validierungsdatensatz fungiert und die Vereinigung der restlichen Teile für das Training verwendet werden. Wird dies für unterschiedliche Werte von `lambda` durchgeführt, kann für jedes `lambda` der durchschnittliche Wert der Verlustfunktion über alle Wiederholungen *„(folds")* bestimmt werden, und es wird dasjenige `lambda` gewählt, das die Verlustfunktion minimiert (s. James et al., 2021, Abschn. 5.1; Bischl et al., 2012).

```
# Suche nach geeigneten Regularisierungsparametern.
m <- cv.glmnet(trainx, train$medv, alpha = 0.5)

# Optimaler Parameter:
m$lambda.min
```

```
[1] 0.04641869
```

Mit dem optimalen Parameterwert für `lambda` wird nun ein Modell auf den gesamten Trainingsdaten trainiert.

```
# Trainieren des regularisierten Modells mit optimalem lambda.
enmod <- glmnet(trainx, train$medv, alpha = 0.5,
                                    lambda = m$lambda.min)

# Ausgabe der Gewichte.
coef(enmod)
```

```
                     s0
(Intercept) -26.1920943
rm            7.9243403
crim         -0.2343582
```

```
# MSE auf den Trainingsdaten.
mean((predict(enmod, as.matrix(train[,2:3])) - train$medv)^2)
```

```
[1] 39.97447
```

```
# MSE auf den Testdaten.
mean((predict(enmod, as.matrix(test[,2:3])) - test$medv)^2)
```

```
[1] 36.51215
```

Erstellt man zum Vergleich ein lineares Regressionsmodell ohne zusätzliche Regularisierung ergeben sich in diesem Fall ähnliche Gewichte.

```
# Einfaches lineares Regressionsmodell auf den Trainingsdaten...
# ...zum Vergleich.
summary(lm(medv ~ ., train))
```

```
...
Residuals:
    Min      1Q  Median      3Q     Max
-20.786  -2.662  -0.527   2.252  38.019

Coefficients:
             Estimate Std. Error t value Pr(>|t|)
(Intercept) -26.47283    3.07884  -8.598 2.72e-16 ***
rm            7.97056    0.48344  16.487  < 2e-16 ***
crim         -0.23671    0.03752  -6.309 8.48e-10 ***
---
Signif. codes:  0 '***' 0.001 '**' 0.01 '*' 0.05 '.' 0.1 ' ' 1

Residual standard error: 6.349 on 351 degrees of freedom
Multiple R-squared:  0.5155,    Adjusted R-squared:  0.5128
F-statistic: 186.7 on 2 and 351 DF,  p-value: < 2.2e-16
```

```
# MSE auf den Trainingsdaten.
mean((predict(lm(medv~., train), train) - train$medv)^2)
```

```
[1] 39.9726
```

```
# MSE auf den Testdaten.
mean((predict(lm(medv~., train), test) - test$medv)^2)
```

```
[1] 36.39611
```

Der MSE des einfachen linearen Regressionsmodells ohne zusätzlichen Regularisierungsterm liegt in diesem Fall sogar leicht unter demjenigen des regularisierten Modells. Dies lässt sich hier dadurch erklären, dass nur zwei erklärende Variablen verwendet werden, für die Regression also nur drei Gewichte aus den Daten gelernt werden müssen und hierfür eine vergleichsweise große Anzahl von 354 Beobachtungen vorhanden ist. In diesem Fall lohnt sich eine Regularisierung nicht.

## 5.5 Zusammenfassung und Ausblick

**Rückblick: Wesentliche Inhalte**

- Overfitting
- Validierungsdaten
- Kostenkomplexität von Entscheidungsbäumen
- Bias-Variance-Trade-off
- $L_1$- und $L_2$-Regularisierung
- Dropout

**Übungsaufgaben**

1. Erstellen Sie mit der Funktion `rpart` aus dem gleichnamigen Paket einen Regressionsbaum für die `xy`-Daten aus Kap. 2. Wie sieht der Baum aus?
2. Sehen Sie sich die Hilfe für `?rpart.control` an. Was bewirkt der Parameter `minsplit`? Was bewirkt die Defaulteinstellung des Parameters `maxdepth`?
3. Der Parameter `cp` entspricht dem Regularisierungsparameter $\lambda$. Wie ist dessen Default? Setzen Sie den Parameter `minsplit = 2` und ändern Sie `cp = 0.05, 0.005, 0.001` ausgehend vom Defaultwert nach oben und nach unten. Stellen Sie jeweils den resultierenden Baum dar, um ein Gefühl für die Auswirkung des Parameters zu erhalten.
4. Berechnen Sie anhand der Formel aus Kap. 2 in R den MSE der in Aufgabe 3 erstellten Bäume sowie anschließend den jeweiligen Wert der Verlustfunktion für einen Regularisierungsparameter von $\lambda = 0.01$ bzw. $\lambda = 0.1$.
5. Importieren Sie die Daten `train_regu.csv` und `valid_regu.csv`. Erstellen Sie ein lineares Regressionsmodell zur Vorhersage von `y` auf den Trainingsdaten. Wie lauten die geschätzten Regressionskoeffizienten? Berechnen Sie den MSE auf den Trainings- und den Validierungsdaten.

6. Bestimmen Sie die Korrelation zwischen den erklärenden Variablen `u`, `v`, `w` und `x`.
7. Der *„variance inflation factor"* (s. Fox & Monette, 1992) beschreibt den Einfluss auf die Varianz eines Modells durch erklärende Variablen, die stark miteinander korreliert sind. Als Daumenregel kann ein Wert $> 10$ als kritisch angesehen werden. Verwenden Sie die Funktion `vif` des R-Pakets `{car}`, um dies für die Trainingsdaten zu untersuchen.
8. Erstellen Sie ein regularisiertes lineares Regressionsmodell mithilfe des R-Pakets `{glmnet}`[2] (s. z. B. Kelly, 2022). Nutzen Sie die Funktion `cv.glmnet`, um den optimalen Regularisierungsparameter $\lambda$ für $\alpha = 0.5$ anhand einer (Fünffach-) *Kreuzvalidierung*[3] zu bestimmen. Wie lautet der optimale Parameter $\lambda$?
9. Erstellen Sie ein regularisiertes lineares Regressionsmodell mit dem optimalen $\lambda$ aus Aufgabe 8. Wie lauten die geschätzten Regressionskoeffizienten? Berechnen Sie den MSE auf den Trainings- und den Validierungsdaten. Vergleichen Sie diese mit denen der klassischen linearen Regression aus Aufgabe 5.

**Hinweise zu weiterführender Literatur**

- Zum Komplexitätsparameter in Entscheidungsbäumen: James et al. (2021), Abschn. 8.1, S. 331 ff.
- Zur Modellvalidierung: James et al. (2021), Abschn. 2.2 und 5.1
- Zu Performancekennzahlen: Zumel und Mount (2019), Abschn. 6.2, Biecek und Burzykowski (2021), Kap. 15
- Zur Hyperparameteroptimierung: Bischl et al. (2023, 2024), Kap. 4 (und 5)
- Zum Bias-Variance-Trade-off: James et al. (2021), Abschn. 2.2.2
- Zu Over- und Underfitting: Deisenroth et al. (2020), Abschn. 8.3.3
- Zur $L_1$- und $L_2$-Regularisierung: James et al. (2021), Abschn. (6.1 und) 6.2
- Zur Regularisierung in neuronalen Netzen: Chollet und Allaire (2018), Abschn. 4.4, James et al. (2021), Abschn. 12.7.1 und 12.7.2
- Zur Kreuzvalidierung: James et al. (2021), Abschn. 5.1

[2] Die Regularisierung wird hier, leicht anders als in der üblichen Notation in Abschn. 5.3, über zwei Parameter $\lambda$ (`lambda`) und $\alpha$ (`alpha`) spezifiziert (vgl. Hastie et al., 2025).

[3] Siehe auch James et al. (2021), Abschn. 5.1.

# 6 Zusammenfassung und weiterführende Literaturhinweise

## 6.1 Wichtige Grundprinzipien maschinellen Lernens

Dieses Buch verfolgt das Ziel, Verständnis für die Mechanismen zu entwickeln, die maschinelles Lernen ermöglichen. Im maschinellen Lernen muss zunächst die Problemstellung von der verantwortlichen Person definiert werden. Oft ist es das Ziel, Vorhersagen treffen zu können, und man spricht von überwachtem Lernen. Je nach Art der vorherzusagenden Größe unterscheidet man weiter in Regressions- und Klassifikationsprobleme. Nicht immer gibt es allerdings eine vorherzusagende Eigenschaft (wie z. B., ob es sich bei einer E-Mail um Spam handelt oder nicht). In solchen Fällen spricht man von unüberwachtem Lernen.

Der Computer lernt selbstständig existierende Zusammenhänge in Daten, in dem er nach einer Funktion sucht, die eine vorgegebene Verlustfunktion optimiert. Anhand dieser Verlustfunktion kann die Qualität eines Modells beurteilt werden. Es stehen verschiedene Algorithmen zur Verfügung, die sich im Aussehen der Verlustfunktion und der Auswahl der als Modellkandidaten zur Verfügung stehenden Funktionen unterscheiden. Um allerdings ein Modell zu erhalten, das möglichst allgemeingültig ist, ist es wichtig, ein reines Auswendiglernen der Daten zu verhindern. Das aus den Daten gelernte Modell darf weder zu einfach noch zu komplex sein. Mithilfe von Regularisierung wird versucht, beim Training des Modells einen guten Kompromiss zwischen beiden Extremen zu finden.

## 6.2 Weiterführende Literaturhinweise

Die vorangehenden Kapitel behandeln wesentliche Konzepte, auf denen die Verfahren des maschinellen Lernens basieren. Anhand verschiedener bekannter Verfahren wie Regressionsbäume, lineare und logistische Regression, vorwärtsgerichtete



G. Szepannek, *Grundprinzipien des maschinellen Lernens*,
https://doi.org/10.1007/978-3-662-73200-7_6

neuronale Netzwerke sowie der $K$-Means-Clusteranalyse werden diese vorgestellt. Einige andere, weiterführende Konzepte werden jedoch nicht behandelt. Dies sind z. B.:

- die *Bayes-Regel,* wie in der *linearen Diskriminanzanalyse* oder beim *Naive-Bayes-Klassifikator* (vgl. James et al., 2021, Abschn. 4.4),
- *Bootstrapping* zur Modellvalidierung (vgl. Bischl et al., 2012; Kauermann et al., 2021, Kap. 8) und *Bagging* wie in *Random Forests* (vgl. Breiman, 1996, 2001a),
- *Dimensionsreduktion,* wie in der *Hauptkomponentenanalyse* (vgl. Deisenroth et al., 2020) oder in *Autoencodern* (vgl. Bishop & Bishop, 2024, Kap. 19, Goodfellow et al., 2016, Kap. 20),
- *bayessche Statistik* (vgl. Hothorn & Everitt, 2014, Kap. 18; Gelman et al., 2013) sowie
- die *Komplexität von Algorithmen* und Laufzeitbetrachtungen (vgl. Weihs et al., 2014, Abschn. 2.2).

Für diese Themen sei auf die angeführte weiterführende Literatur verwiesen. Um die Arbeit mit weiterführender Fachliteratur zu erleichtern, findet sich am Ende des Buchs ein Sachverzeichnis der verwendeten Fachbegriffe zum einfachen Nachschlagen.

# Liste verwendeter R Pakete

Die Fallstudien am Ende der Kapitel sind in der Programmiersprache `R` (R Core Team, 2025) umgesetzt. Dabei werden zusätzlich Funktionen aus den folgenden Paketen verwendet:

- **`GGally`:** Extension to `ggplot2` (Schloerke et al., 2024),
- **`ggmosaic`:** Mosaic Plots in the `ggplot2` Framework (Jeppson et al., 2021),
- **`ggplot2`:** Create Elegant Data Visualisations Using the Grammar of Graphics (Wickham, 2016),
- **`glmnet`:** Lasso and Elastic-Net Regularized Generalized Linear Models (Friedman et al., 2010),
- **`mlbench`:** Machine Learning Benchmark Problems (Leisch & Dimitriadou, 2024),
- **`neuralnet`:** Training of Neural Networks (Fritsch et al., 2019),
- **`rpart`:** Recursive Partitioning and Regression Trees (Therneau & Atkinson, 2023) und
- **`rpart.plot`:** Plot `rpart` Models: An Enhanced Version of `plot.rpart` (Milborrow, 2024).



G. Szepannek, *Grundprinzipien des maschinellen Lernens*,
https://doi.org/10.1007/978-3-662-73200-7

# Literatur


Aschenbruck, R., Szepannek, G., & Wilhelm, A. (2023). Random-based initialization for clustering mixed-type data with the k-prototypes algorithm. In P. Coretto, G. Giordano, M. La Rocca, M. Parrella, & C. Rampichi (Hrsg.), *CLADAG 2023 – Book of abstracts and short papers* (S. 38–41). Pearson Education Resources.

Biecek P., & Burzykowski T. (2021). *Explanatory model analysis: Explore, explain, and examine predictive models*. Chapman and Hall.

Bischl, B., Mersmann, O., Trautmann, H., & Weihs, C. (2012). Resampling methods for meta-model validation with recommendations for evolutionary computation. *Evolutionary Computation, 20*(2), 249–275. https://doi.org/10.1162/EVCO_a_00069.

Bischl, B., Binder, M., Lang, M., Pielok, T., Richter, J., Coors, S., Thomas, J., Ullmann, T., Becker, M., Boulesteix, A.-L., Deng, D., & Lindauer, M. (2023). Hyperparameter optimization: Foundations, algorithms, best practices, and open challenges. *WIREs Data Mining and Knowledge Discovery, 13*(2), Article e1484. https://doi.org/10.1002/widm.1484.

Bischl, B., Sonabend, R., Kotthoff, L., & Lang, M. (Hrsg.). (2024). *Applied machine learning using mlr3 in R*. CRC Press. ISBN 978-1032507545. https://mlr3book.mlr-org.com.

Bishop, C., & Bishop, H. (2024). *Deep learning: Foundations and concepts*. Springer.

Breiman, L. (1996). Bagging predictors. *Machine Learning, 24,* 123–140. https://doi.org/10.1007/BF00058655.

Breiman, L. (2001). Random forests. *Machine Learning, 45,* 5–32. https://doi.org/10.1023/A:1010933404324.

Breiman, L. (2001). Statistical modeling: The two cultures. *Statistical Science, 16*(3), 199–231. https://doi.org/10.1214/ss/1009213726.

Breiman, L., Friedman, J., Olshen, R., & Stone, C. (1984). *Classification and regression trees*. Wadsworth. ISBN 978-1138469525.

Chen, D., Sain, S. L., & Guo, K. (2012). Data mining for the online retail industry: A case study of rfm model-based customer segmentation using data mining. *Journal of Database Marketing & Customer Strategy Management, 19,* 197–208. https://doi.org/10.1057/DBM.2012.17.

Chen, T., & Guestrin, C. (2016). Xgboost: A scalable tree boosting system. In *Proceedings of the 22nd ACM SIGKDD international conference on knowledge discovery and data mining, KDD'16, New York, NY, USA* (S. 785–794). Association for Computing Machinery. ISBN 9781450342322. https://doi.org/10.1145/2939672.2939785.

Chollet, F., & Allaire, J. (2018). *Deep learning with R*. Manning. ISBN 9781617295546.

Deisenroth, M., Faisal, A., & Ong, C. S. (2020). *Mathematics for machine learning*. Cambridge University Press.

Douglas, A., Roos, D., Mancini, F., Couto, A., & Lusseau, D. (2024). An introduction to R. https://intro2r.com/.







G. Szepannek, *Grundprinzipien des maschinellen Lernens*,
https://doi.org/10.1007/978-3-662-73200-7

Drucker, H., Burges, C. J. C., Kaufman, L., Smola, A., & Vapnik, V. (1996). Support vector regression machines. In M. C. Mozer, M. Jordan, & T. Petsche (Hrsg.), *Advances in neural information processing systems* (Bd. 9, S. 155–161). MIT Press.

Duda, R. O., Hart, P. E., & Stork, D. G. (2000). *Pattern classification* (2. Aufl.). Wiley. ISBN 978-0-471-05669-0.

Fisher, R. A. (1936). The use of multiple measurements in taxonomic problems. *Annals of Eugenics, 7*(2), 179–188. https://doi.org/10.1111/j.1469-1809.1936.tb02137.x.

Fox, J., & Monette, G. (1992). Generalized collinearity diagnostics. *Journal of the American Statistical Association, 87,* 178–183. https://doi.org/10.1080/01621459.1992.10475190.

Fränti, P., & Sieranoja, S. (2019). How much can k-means be improved by using better initialization and repeats? *Pattern Recognition, 93,* 95–112. https://doi.org/10.1016/j.patcog.2019.04.014.

Friedman, J. (2001). Greedy function approximation: A gradient boosting machine. *Annals of Statistics, 29*(5), 1189–1232. https://doi.org/10.1214/aos/1013203451.

Friedman, J., Hastie, T., & Tibshirani, R. (2010). Regularization paths for generalized linear models via coordinate descent. *Journal of Statistical Software, 33*(1), 1–22. https://doi.org/10.18637/jss.v033.i01.

Fritsch, S., Guenther, F., & Wright, M. N. (2019). *neuralnet: Training of neural networks*. https://CRAN.R-project.org/package=neuralnet. R package version 1.44.2.

Gelman, A., Carlin, J. B., Stern, H. S., & Rubin, D. B. (2013). *Bayesian data analysis* (2. Aufl.). Chapman and Hall/CRC.

Genschel, U., & Becker, C. (2005). *Schließende Statistik: Grundlegende Methoden*. Springer.

Goodfellow, I., Bengio, Y., & Courville, A. (2016). *Deep learning*. MIT Press. http://www.deeplearningbook.org.

Groemping, U. (2019). South German credit data: Correcting a widely used data set. Technical Report 4/2019, Department II, Beuth University of Applied Sciences Berlin. http://www1.beuth-hochschule.de/FB_II/reports/Report-2019-004.pdf.

Harrison, D., & Rubinfeld, D. L. (1978). Hedonic housing prices and the demand for clean air. *Journal of Environmental Economics and Management, 5*(1), 81–102. https://doi.org/10.1016/0095-0696(78)90006-2.

Hastie, T., Tibshirani, R., Friedman, J. (2009). *The elements of statistical learning – Data mining, inference and prediction* (2. Aufl.). Springer.

Hastie, T., Qian, J., & Tay, K. (2025). An introduction to glmnet. https://glmnet.stanford.edu/articles/glmnet.html.

Himmelblau, D. (1972). *Applied nonlinear programming*. McGraw-Hill.

Hofmann, H. (1994). Statlog (German credit data). UCI Machine Learning Repository.

Hothorn, T., & Everitt, B. (2014). *A handbook of statistical analyses using R* (3. Aufl.). CRC Press. ISBN 9781420079333.

Jain, A. K. (2010). Data clustering: 50 years beyond k-means. *Pattern Recognition Letters, 31*(8), 651–666. https://doi.org/10.1016/j.patrec.2009.09.011.

James, G., Witten, D., Hastie, T., & Tibshirani, R. (2021). *An introduction to statistical learning: With applications in R* (2. Aufl.). Springer.

Jeppson, H., Hofmann, H., & Cook, D. (2021). *ggmosaic: Mosaic plots in the 'ggplot2' framework*. https://CRAN.R-project.org/package=ggmosaic. R package version 0.3.3.

Kauermann, G., Küchenhoff, H., & Heumann, C. (2021). *Statistical foundations, reasoning and inference*. Springer. ISBN 978-3-030-69826-3.

Kelly, J. M. (2022). Ridge, lasso, and elastic net regression using glmnet. https://rpubs.com/jmkelly91/881590.

Kelly, M., Longjohn, R., & Nottingham, K. (2024). *The UCI machine learning repository*. University of California, Irvine, Department of Information and Computer Sciences, Irvine. https://archive.ics.uci.edu.

Leisch, F., & Dimitriadou, E. (2024). *mlbench: Machine learning benchmark problems*. https://CRAN.R-project.org/package=mlbench. R package version 2.1-5.

Luebke, K., & Vogt, M. (2014). *Angewandte Wirtschaftsstatistik – Daten und Zufall*. Springer Gabler. ISBN 978-3-658-02803-9.

Lübke, K., Gehrke, M., Horst, J., & Szepannek, G. (2020). Why we should teach causal inference: Examples in linear regression with simulated data. *Journal of Statistics Education, 28*(2), 133–139. https://doi.org/10.1080/10691898.2020.1752859.

McCullagh, P., & Nelder, J. (1989). *Generalized linear models* (2. Aufl.). Chapman and Hall. ISBN 978-0412317606.

Milborrow, S. (2024). *rpart.plot: Plot 'rpart' models: An enhanced version of 'plot.rpart'*. https://CRAN.R-project.org/package=rpart.plot. R package version 3.1.2.

Obitko, M. (1998). Introduction to genetic algorithms. https://www.obitko.com/tutorials/genetic-algorithms/.

Okabe, M., & Ito. K. (2008). Color universal design (CUD): How to make figures and presentations that are friendly to colorblind people. https://jfly.uni-koeln.de/color/#pallet.

Park, B. J. (2022). Visualizing the gradient descent in R. https://brianjmpark.github.io/post/2022-02-22-visualizing-the-gradient-descent-in-r-index/.

R Core Team. (2025). *R: A language and environment for statistical computing*. R Foundation for Statistical Computing. https://www.R-project.org/.

Rashid, T. (2017). *Neuronale Netze selbst programmieren*. O'Reilly.

Schloerke, B., Cook, D., Larmarange, J., Briatte, F., Marbach, M., Thoen, E., Elberg, A., & Crowley, J. (2024). *GGally: Extension to 'ggplot2'*. https://CRAN.R-project.org/package=GGally. R package version 2.2.1.

Shmueli, G. (2010). To explain or to predict? *Statistical Science, 25*(3), 289–310. https://doi.org/10.1214/10-STS330.

Szepannek, G. (2018). clustMixType: User-friendly clustering of mixed-type data in R. *The R Journal, 10*(2), 200–208. https://doi.org/10.32614/RJ-2018-048.

Therneau, T., & Atkinson, E. (2023). *rpart: Recursive partitioning and regression trees*. https://CRAN.R-project.org/package=rpart. R package version 4.1.23.

Therneau, T., & Atkinson, E. (2015). An introduction to recursive partitioning using the rpart routines. https://www.biostat.wisc.edu/~kbroman/teaching/statgen/2004/refs/therneau.pdf.

Torfs, P., & Brauer, C. (2014). A (very) short introduction to R. https://cran.r-project.org/doc/contrib/.

Wang, Q., Ma, Y., Zhao, K., & Tian, Y. (2022). A comprehensive survey of loss functions in machine learning. *Annals of Data Science, 9,* 187–212. https://doi.org/10.1007/s40745-020-00253-5.

Weihs, C., Mersmann, O., & Ligges, U. (2014). *Foundations of statistical algorithms*. CRC Press.

Wickham, H. (2016). *ggplot2: Elegant graphics for data analysis* (2. Aufl.). Springer.

Wilke, C. (2020). *Datenvisualisierung – Grundlagen und Praxis*. O'Reilly. ISBN 978-3-96009-121-9.

Yu, C., Yao, W., & Bai, X. (2017). Robust linear regression: A review and comparison. *Communications in Statistics – Simulation and Computation, 46*(8), 6261–6282. https://doi.org/10.1080/03610918.2016.1202271.

Zumel, N., & Mount, J. (2019). *Practical data science with R* (2. Aufl.). Manning.

# Stichwortverzeichnis




G. Szepannek, *Grundprinzipien des maschinellen Lernens*,
https://doi.org/10.1007/978-3-662-73200-7

Zeitfracht Medien GmbH
Ferdinand-Jühlke-Straße 7
99095 Erfurt, Deutschland
produktsicherheit@kolibri360.de